中国热带农业科学院　中国热带作物学会　组织编写
"一带一路"热带国家农业共享品种与技术系列丛书
总主编：刘国道

"一带一路"热带国家
天然橡胶共享品种与技术

周建南　曾　霞 ◎主编

中国农业科学技术出版社

图书在版编目（CIP）数据

"一带一路"热带国家天然橡胶共享品种与技术 / 周建南，
曾霞主编 . —北京：中国农业科学技术出版社，2020.7

（"一带一路"热带国家农业共享品种与技术系列丛书 /
刘国道主编）

ISBN 978-7-5116-4834-1

Ⅰ . ①一… Ⅱ . ①周… ②曾… Ⅲ . ①橡胶树－栽培
技术 Ⅳ . ① S794.1

中国版本图书馆 CIP 数据核字（2020）第 115320 号

责任编辑　李　雪　徐定娜
责任校对　贾海霞

出 版 者　中国农业科学技术出版社
　　　　　北京市中关村南大街 12 号　邮编：100081
电　　话　（010）82109707（编辑室）　（010）82109702（发行部）
　　　　　（010）82109709（读者服务部）
传　　真　（010）82109707
网　　址　http://www.CASTP.cn
发　　行　各地新华书店
印 刷 者　北京科信印刷有限公司
开　　本　787 mm×1 092 mm　1 /16
印　　张　8
字　　数　179 千字
版　　次　2020 年 7 月第 1 版　2020 年 7 月第 1 次印刷
定　　价　68.00 元

《"一带一路"热带国家农业共享品种与技术系列丛书》

总 主 编：刘国道

《"一带一路"热带国家天然橡胶共享品种与技术》
编写人员

主　　编：周建南　　曾　霞

副 主 编：张晓飞　　张希财　　杨文凤

参编人员：（按姓氏笔画排序）

丁　丽	王　军	王纪坤	王金辉
王真辉	王翠翠	刘先宝	安　锋
李家宁	李博勋	张　宇	张方平
陈俊谕	林位夫	林培群	周立军
周　珺	茶正早	贺春萍	桂红星
徐正伟	黄贵修	曹建华	符悦冠

.

前　言

天然橡胶（*cis*-1,4-polyisoprene）具有很强的弹性、良好的绝缘性、耐曲折的可塑性、隔水隔气的气密性、抗拉伸和坚韧的耐磨性能等，被广泛用于工业、国防、交通、民生、医药、卫生等领域，是一种重要的工业原料和战略资源。天然橡胶能够在橡胶树、杜仲、银胶菊、印度榕等2 000多种植物中合成，但目前只有巴西橡胶树（*Hevea brasiliensis*）具有商业价值，其单产高、橡胶质量好，容易采收且经济寿命长达30年，总产量占目前世界天然橡胶总产量的99%以上。

中国橡胶工业1915年起步，随着国民经济的持续快速增长，对天然橡胶的需求也相应呈现快速增长势头，形成由轮胎、力车胎、胶管、胶带、乳胶、橡胶材料、炭黑、橡胶助剂、骨架材料和装备等产品构成的完整橡胶工业体系。1993年，我国天然橡胶年消费量首次超过日本，仅次于美国，成为世界上第二大天然橡胶消费国。2001年，我国天然橡胶消费量达到122万吨，超过美国成为世界第一大消费国，达到世界总消耗量的21%。2018年，我国天然橡胶消费量已达到569万吨，自给率从20世纪90年代的50%左右，快速下降到2018的14.4%，低于安全供给线。

"一带一路"沿线集中了天然橡胶原料供应、加工生产、市场消费各个环节，天然橡胶供应占全球的90%以上，消费占50%以上，其中，泰国天然橡胶供应占全球的33.6%，印度尼西亚天然橡胶供应占全球的25.9%，我国占全球消费接近40%，产业发展具有较强的共通性和互补性。

我国热区种植面积有限，很难通过扩大面积提高天然橡胶供给能力。面对国内巨大的工业需求，为了保障资源供给、维护国民经济安全，天然橡胶产业发展必须充分利用国外资源，把生产空间扩展到世界天然橡胶的主产区。中国热带农业科学院 2018 年启动了"一带一路"沿线国家热带农业资源国际合作与交流项目，了解沿线国家品种、技术现状，明确优势，为更好地开展国家合作与交流打下基础。

编　者

2019 年 10 月

目　录

第一章　主导品种篇

第二章　主推技术篇

第三章　科技产品篇

主导品种篇

主要天然橡胶生产国家，为了提高橡胶产量、降低生产成本、尽早获得较好的经济收入，都把橡胶树的选育种工作列为相对主要的研究课题。1876 年魏克汉（H.A.Wickham）和克洛斯（Cross）成功在巴西引种并传播到亚非拉美澳等地。东南亚现有的橡胶树主要来源于魏克汉采集的、种植于新加坡植物园的 13 株和马来西亚霹雳州的吉康沙 9 株以及斯里兰卡汉那拉塔哥达植物园的 22 株原始实生树；而非洲胶园的原始树可能是克洛斯采集的，另有一部分是从东南亚引进的魏克汉采种的后代。自 1915 年印度尼西亚首次采用芽接法来提高橡胶树的产量，从实生树选种到人工杂交育种等方面开展了长期的试验和研究，橡胶树选育种工作已历经 100 年的历史，取得了非常显著的成就，巴西橡胶树产量，目前选育的优良品种已比 20 世纪 20 年代未经选择的实生树提高 4 ～ 5 倍。

一、中国

1904 年，云南德宏自治州土司刀印生从新加坡引种橡胶苗到云南盈江种植成功；华侨何麟书 1906 年在海南岛乐会县建成琼安胶园；华侨区慕颐、何子春 1907 年从马来西亚引种胶苗建立侨兴胶园。但我国真正意义上的橡胶树品种选育研究与中华人民共和国发展基本同步进行，20 世纪 50 年代初期开始进行优良母树的选择，选出的初生代无性系海垦 1 年干胶产量达到 945 kg/hm²，比未经选择实生树的产量提高了近 2 倍；50 年代后期开始大量引进国外优良无性系，通过适应性试种筛选出 RRIM600、PR107、GT1 和 PB86 等品种，使植胶业和橡胶树选育种研究实现了跨越式发展。到 1995 年，按照选育种程序，成功选育了第一批适合中国特殊植胶环境的优良品种并在生产中推广应用，如热研 73397，年平均干胶产量接近 2 000 kg/hm²。新近培育出的热研 8-79、热垦 523、热垦 525、热垦 628 等无性系产量更达到 2 500 kg/hm²。

在品种推荐上，2003 年前保持了定期发布种植品种推荐，后以中华人民共和国农业部（现为农业农村部）主推品种的形式向生产进行品种推荐。

1. 热研 73397

选育单位：中国热带农业科学院橡胶研究所。

亲本：RRIM600 × PR107。

推广等级和推荐种植区域：海南省植胶区大规模推广种植；广东植胶区阳坡推广种植；云南 I 类植胶区推荐种植。

植物学特性：叶痕心脏形，托叶痕平，芽眼近叶腋。叶蓬半球形或圆锥形，叶蓬较长。大叶柄较软，叶枕顺大，上方具浅沟。小叶柄长度中等，膨大约 1/2，紧缩区明显。蜜腺 2 至多枚，凸起（似 PR107），腺点大小不一，有时连生，点面周边明显。叶片倒卵形或倒卵状椭圆形，叶缘具小至中波浪，3 小叶显著分离；两侧小叶主脉内侧叶面比外侧叶面窄。茎干稍弯曲，叶柄沟较浅，枝条下垂。

生产特性：产量高，高级比较试验区，1 ~ 12 割年平均株产干胶 4.58 kg，平均干胶产量 1 983 kg/hm²，分别比 RRIM600 高 44.2% 和 49.0%。生长较快，林相整齐，开割率高，开割前年均茎围增长 7.51 cm，为对照 RRIM600 118.1%；开割后年均茎围增长 1.94 cm，显著高于 RRIM600（1.46 cm）。抗风能力强，白粉病发病率较低。

叶片形态

叶蓬形态

成龄林段

注：照片由张晓飞提供。

2. 热研 917（热研 7-20-59）

选育单位：中国热带农业科学院橡胶研究所。

亲本：RRIM600 × PR107。

推广等级和推荐种植区域：海南植胶区推广种植；广东植胶区试验性种植。

植物学特性：叶痕马蹄形，托叶痕平伸，芽眼近叶痕。叶蓬圆锥形至半球形，叶蓬长，蓬距较短，疏朗。大叶柄较长，平伸，叶枕较长，顺大，上方平，嫩枕紫红色。小叶柄中等长度，两侧小叶柄上仰，小叶柄膨大 1/2。蜜腺微突，常为 3 枚，腺点面平，有周边。叶片倒卵状椭圆形，叶缘具小至中波，叶面不平，3 小叶显著分离。乳胶白色。

生产特性：产量高，高级比较试验区 1～9 割年平均株产干胶 3.95 kg，平均干胶产量 1 467 kg/hm^2，分别比对照 RRIM600 增产 78.7% 和 68.6%；生长较快。具有较强的抗风和恢复生长能力。

叶片形态

叶蓬形态

成龄林段

注：照片由张晓飞提供。

3. 热研 879

选育单位：中国热带农业科学院橡胶研究所。

亲本：热研 88-13 × 热研 217。

推广等级和推荐种植区域：海南中西部中风区推广种植，其他类型区可进行生产性试种；云南Ⅰ类植胶区推广种植。

植物学特性：茎干直立，叶痕马蹄形；芽眼近叶痕，鳞片痕与托叶痕连成"一"字形；叶蓬明显，圆锥形；大叶柄平伸，两侧小叶柄有浅沟，叶枕顺大约 2/3；蜜腺 3 至多枚，腺点面略凹或平；叶片厚，椭圆形，小叶横切面呈浅"V"形，叶缘无波浪，3 小叶靠近，叶色浓绿，叶面有光泽。

生产特性：在初比区，第 2 割年，株年产干胶 4.48 kg；头 10 割年，株年产干胶 9.11 kg，极显著高于 RIM600。在高比区，第 2 割年，亩（1 亩 ≈ 667 m²，全书同）年产干胶 100 kg；1～6 割年，平均干胶产量 2 265 kg/hm²，极显著高于 RRIM600。开割后生长较慢。抗风性能与对照 RRIM600 相当。在云南孟定农场生产林段，第 6 割年单株产量达 11.7 kg；云南勐腊农场生产林段，第 4 割年平均单株产量 3.91 kg。

叶片形态

叶蓬形态

成龄林段

注：照片由张晓飞提供。

4. 热垦628

选育单位：中国热带农业科学院橡胶研究所。

亲本：IAN873 × PB235。

推广等级和推荐种植区域：海南中西部、广东雷州半岛、云南Ⅰ类、Ⅱ类植胶区推广种植。

植物学特性：茎干直立，叶痕呈马蹄形，腋芽贴近叶痕；鳞片痕与托叶痕呈一字形。叶蓬弧形，蓬距较长。大叶枕顺大，具浅沟；大叶柄平直、粗壮且平伸。小叶枕膨大约1/3；小叶柄中等长度，有浅沟，上仰。蜜腺腺点凸起，2～3枚，分离，周边不明显。叶片椭圆形，叶基楔形，叶端锐尖，叶缘无波，主脉平滑；叶片肥厚，有光泽，三小叶分离。胶乳为白色。

生产特性：产量高，高级比较试验区，第1～4割年平均株产2.06 kg。生长快，立木材积蓄积量大。开割前树围年均增粗8.67 cm，10龄株材积0.31 m³。抗寒及抗风能力突出。

叶片形态

叶蓬形态

成龄林段

注：照片由张晓飞提供。

5. 文昌 11

选育单位：中国海南农垦橡胶研究所。

亲本：RRIM600 × PR107。

推广等级和推荐种植区域：海南植胶区推广种植。

植物学特性：叶痕马蹄形，托叶痕平，鳞片痕唇形。叶蓬长，圆锥形，蓬距较短。大叶柄微上仰，叶枕顺大，有浅窝。小叶柄亦微上仰，叶枕顺大，沟长，膨大 1/2。蜜腺凸起，常为 3 枚联生，点面平。叶片长椭圆形，叶缘有微波，叶面不平，没有光泽，网脉较明显，部分叶芒尖，三小叶分离。胶乳浅黄色。

生产特性：产量高，高比区第 1 ～ 11 割年平均年产干胶 3.63 kg/ 株，1 954.0 kg/hm²，分别为 RRIM600 的 119.2% 和 130.3%。高产期稍迟，头 3 年产量较低，以后上升很快。抗风力较强。干胶含量高。死皮较少。生长整齐，开割率较高。开割前生长稍慢，但与 RRIM600 差异不显著，开割后生长于 RRIM600 相当。

叶片形态

叶蓬形态

成龄林段

注：照片由张晓飞提供。

6. 文昌 217

选育单位：中国海南农垦橡胶研究所。

亲本：海垦 1 × PR107。

推广等级和推荐种植区域：海南植胶区推广种植。

植物学特性：茎干叶痕心脏形，半木栓化部位的大叶柄下方茎干呈窝形下陷。叶蓬呈截顶圆锥形，蓬距较短。大叶柄先端棱状，上方有黑条沟，直通蜜腺。小叶柄上仰，沟深，膨大 2/3，蜜腺显著凸起，腺点面凸。叶片披针形或椭圆形，叶基较钝，叶端芒尖，叶面不平。

生产特性：产量高。高比区 1～11 割年平均单株年产干胶 3.60 kg。为对照 RRIM600 的 118.1%；平均年公顷产干胶 1 882.6 kg，为 RRIM600 的 125.5%。抗风力强。1982 年高比的文昌 217 风害累计断倒率 8.9%，比对照海垦 1 的 33.0% 轻 24.1 个百分点，比 RRIM600 的 13.8% 轻 4.9 个百分点。原生皮比海垦 1 厚，干胶含量高，死皮率低。

叶片形态

叶蓬形态

成龄林段

注：照片由张晓飞提供。

7. 云研 77-2

选育单位：云南省热带作物科学研究所。

亲本：GT1 × PR107。

推广等级和推荐种植区域：云南省植胶区推广种植；广东植胶区推广种植。

植物学特性：叶蓬弧形，大叶枕短圆，顺大，大叶柄青绿色，平伸或微下倾，较硬，小叶柄长度中等，膨大 1/2，紧缩区明显，有沟延伸至叶基。蜜腺微凸起，腺点较小，3 ～ 4 枚，分生，其中 1 枚突出，浅黄色，叶片长菱形，黄绿色，叶缘有中等波纹，主、侧脉明显，网状脉不明显。胶乳颜色为白色。

生产特性：产量高，适应性系比，1 ～ 6 割年平均干胶含 33.4%，株产干胶 3.46 kg，公顷（1 公顷 =15 亩，1 亩 ≈ 667 m²，全书同）产 14 71.5 kg，分别为对照 GT1 的 164.0% 和 179.7%；生势粗壮、速生，生长量比 GT1 快 19%。树干粗壮直立，主分枝较少，耐割不长流，干胶含量高，对刺激割胶反应良好。抗寒力强于 GT1。感白粉病中等。

叶片形态

叶蓬形态

成龄林段

注：照片由张晓飞、和丽岗提供。

8. 云研 77-4

选育单位：云南省热带作物科学研究所。

亲本：GT1 × PR107。

推广等级和推荐种植区域：云南省植胶区推广种植；广东植胶区推广种植。

植物学特性：叶蓬大半球形或大弧形，较疏朗。叶枕长而顺，上平有浅窝。大叶柄粗，硬而长，先端膨大短凸，平伸；小叶柄中等长，沟浅宽，膨大 1/2 ～ 1/3，紧缩区明显微凸起，腺点 2 ～ 4 枚，多连生，点面平或微凸，周边厚；叶形菱形，叶色青绿，光泽显著，叶缘有较规则波纹，主脉粗，侧脉细，三小叶平伸，角度大，胶乳颜色为白色。

生产特性：产量高，适应性系比，1 ～ 6 割年平均干含 33.6%，株产干胶 2.65 kg，公顷产干胶 1 119 kg，分别为对照 GT1 的 128.0% 和 136.6%；生势粗壮、速生，生长量比 GT1 快 17.2%。树干粗壮。直立，分枝习性良好，耐割不长流，对刺激割胶反应良好，干胶含量高。抗寒力强于 GT1。感白粉病较轻。

叶片形态

叶蓬形态

成龄林段

注：照片由张晓飞、和丽岗提供。

9. 大丰95

选育单位：海垦大丰农场。

亲本：PB86 × PR107。

推广等级和推荐种植区域：海南省Ⅰ类植胶区推广种植。

植物学特性：叶痕马蹄形至三角形，托叶痕平；鳞片痕唇形；芽眼离开叶痕，叶痕下方有浅宽沟。叶蓬长，大圆锥形，蓬距特短。大叶柄粗壮，长，平伸；大叶枕紫红色，顺大，上面具宽沟。小叶柄较长而粗，角度较大，平伸，上方具浅沟。蜜腺大小中等，常见3～4枚，点面平，周边凸起。叶片长椭圆形，叶缘有不规则的中波，叶面不平，主侧脉明显，黄绿色，叶端侧脉较宽，角度大；叶面有光泽；三小叶分离。

生产特性：高产、稳产且高产期早。生产示范区第1～11割年平均年产干胶3.09 kg/株，1 899 kg/hm²，分别为对照RRIM600的112.4%和127.1%。抗风、抗病、抗寒和抗旱能力均比较强。抗风力极明显强于RRIM600；感染白粉病、炭疽病、黑团孢叶斑病等叶病明显轻于RRIM600；死皮病亦极显著轻于RRIM600；抗寒力明显强于RRIM600。

叶片形态

叶蓬形态

成龄林段

注：照片由张晓飞、胡彦师提供。

二、印　度

印度在 20 世纪 50 年代开展橡胶树选育种工作。70 年代成功培育了优良品种 RRII105，该品种产量较高，年公顷干胶产量达 1 880 kg，且拥有广适性，覆盖了印度宜胶地 85% 的面积；随后相继培育出 RRII200 和 RRII300 系列，并在全国各地推荐试验种植。尽管目前这些品种在所有种植区域中的表现并不像 RRII105 那样出色，但在某些地区还是取得了一定的成绩。为了进一步提高橡胶树品种的产量水平，自 1982 年始，以 RRII105 作为育种亲本之一开展了大量的杂交授粉工作，其中通过 RRII105 与 RRIC100 杂交，选育出的 RRII414、RRII430 等优良无性系，不仅在产量上有所提高，且生长速度快，植后 5 年即可开割。

此外，印度积极向北部地区拓宽橡胶树种植，筛选出中国的热研 88-13、93-114、海垦 1 及 RRII208、RRIM605 等品种进行小面积种植。

截至 2014 年，印度天然橡胶种植面积为 73.5 万 hm^2，干胶产量 90.4 万吨，单位面积产量 1 841 kg/hm^2，消费量 96.4 万吨。

1. RRII105

选育单位：印度橡胶研究所。

亲本：Tjir1 × Gl1。

推广等级和推荐种植区域：传统植胶区和非传统植胶区的特里普拉，纳格拉卡塔，布巴内斯瓦·奥里萨等地。

植物学特性：叶蓬弧形，叶蓬间距大，显著分离；大叶柄粗壮，长，平伸，叶枕正常；小叶柄长，上仰，分离；叶片椭圆形，叶基渐尖，叶端急尖，叶片深绿色，叶面有光泽，主侧脉明显，三小叶显著分离。

生产特性：高产，小规模比较试验区前 18 割年平均每刀株产为 64.2 g，大规模比较试验区前 18 割年平均每刀株产为 49.7 g；小农场主胶园 1 ～ 22 年平均产量为 1 712 kg/hm^2。原生皮和再生皮厚度较厚，干胶含量高，抗割面干涸病、白粉病、落叶病、根病等为中等抗性。

幼龄林段

注：图片来自 IRRDB 会议资料。

2. RRII414

选育单位：印度橡胶研究所。

亲本：RRII105 × RRIC100。

推广等级和推荐种植区域：传统植胶区，非传统植胶区的布巴内斯瓦·奥里萨推广种植。

植物学特性：叶蓬弧形，叶蓬间距大，显著分离；大叶柄细长，"S"形下垂，叶枕正常；小叶柄长，平伸至下垂，显著分离；叶片钻石状椭圆形，叶基渐尖，叶端急尖，叶缘大波浪，叶片绿色，叶面质地平滑，三小叶显著分离。

生产特性：高产，小规模比较试验区前 11 割年平均每刀株产为 74.0 g，大规模比较试验区前 10 割年平均每刀株产为 66.0 g；生产性胶园 6 割年平均产量为 1 825 kg/hm²。16 ～ 20 龄树单株立木材积为 0.11 ～ 0.22 m³。抗白粉病，易感红根病，落叶病和棒孢霉病为中抗。

叶蓬形态 幼龄林段

注：图片来自 IRRDB 会议资料。

3. RRII417

选育单位：印度橡胶研究所。

亲本：RRII105 × RRIC100。

推广等级和推荐种植区域：传统和非传统植胶区。

植物学特性：叶蓬弧形至半球形，叶蓬间距大，显著分离；大叶柄粗壮，长，平伸，叶枕正常；小叶柄短，粗壮，平伸，分离；叶片椭圆形，叶基楔形，叶端芒尖，叶缘小波浪，叶片绿色，叶面无光泽，叶脉不对称，三小叶靠近或重叠。

生产特性：高产，小规模比较试验区前 11 割年平均每刀株产为 70.5 g，大规模比较试验区前 10 割年平均每刀株产为 73.5 g；小农场主胶园 6 割年平均产量为 1 870 kg/hm²。16 ～ 20 龄树单株立木材积为 0.11 ～ 0.16 m³。抗白粉病，红根病、落叶病和棒孢霉病为中抗。

叶蓬形态

成龄林段

注：图片来自 IRRDB 会议资料。

4. RRII422

选育单位：印度橡胶研究所。

亲本：RRII105 × RRIC100。

推广等级和推荐种植区域：传统和非传统植胶区。

植物学特性：叶蓬半球形，叶蓬密集间距小，不显著分离；大叶柄直，下垂，叶枕正常；小叶柄短，平伸，分离角度小；叶片长椭圆形，叶基楔形至钝形，叶端渐尖，叶缘不整齐波浪，叶片绿色，叶面有光泽，每蓬叶叶量较大，三小叶靠近或重叠。

生产特性：高产，小规模比较试验区前 11 割年平均每刀株产为 64.9 g，大规模比较试验区前 10 割年平均每刀株产为 69.9 g；小农场主胶园 6 割年平均产量为 1 865 kg/hm²。16 ~ 20 龄树单株立木材积为 0.09 ~ 0.121 m³。抗白粉病，易感红根病、落叶病，棒孢霉病为中抗。

叶蓬形态

幼龄林段

注：图片来自 IRRDB 会议资料。

5. RRII429

选育单位：印度橡胶研究所。

亲本：RRII105 × RRIC100。

推广等级和推荐种植区域：传统植胶区的卡纳塔克邦，非传统植胶区推广种植。

植物学特性：叶蓬半球形至截顶圆锥形，叶蓬间距大，显著分离；大叶柄直，下垂，叶枕正常；小叶柄短，平伸，分离；叶片短椭圆形，叶基楔形至钝形，叶端渐尖，叶缘无波浪，叶片蜡质，叶面无光泽，三小叶靠近或重叠，呈下垂趋势。

生产特性：高产，小规模比较试验区前 11 割年平均每刀株产为 77.1 g，大规模比较试验区前 10 割年平均每刀株产为 61.2 g；小农场主胶园 6 割年平均产量为 1 979 kg/hm²。16 ～ 20 龄树单株立木材积为 0.08 ～ 0.14 m³。抗红根病和白粉病，易感落叶病和棒孢霉病。

叶蓬形态

幼龄林段

注：图片来自 IRRDB 会议资料。

6. RRII430

选育单位：印度橡胶研究所。

亲本：RRII105 × RRIC100。

推广等级和推荐种植区域：传统和非传统植胶区。

植物学特性：叶蓬半球形，叶蓬间距小，靠近至分离；大叶柄直或反弓形，叶枕正常，芽眼凸起；小叶柄正常，上仰，分离；叶片长阔椭圆形，叶基钝形，叶端渐尖，叶缘无波浪，叶片厚，叶面蜡质有光泽，三小叶重叠。

生产特性：速生，开割前后生长均较快；高产，小规模试验区前 11 割年株次干胶 63.4 g，大规模试验区前 10 割年株次干胶 74.7 g；小农场主胶园 6 割年平均产量为 1 979 kg/hm²。16 ~ 20 龄树单株立木材积为 0.12 ~ 0.15 m³。抗白粉病，易感红根病、落叶病和棒孢霉病。

叶蓬形态

幼龄林段

注：图片来自 IRRDB 会议资料。

三、马来西亚

马来西亚从 20 世纪 20 年代开展橡胶树选育种工作，推出了一系列无性系 PB86、PilB84 等，从 20 世纪 50 年代开始陆续推出 RRIM500 组 30 个无性系，RRIM600 组 39 个无性系，RRIM700 组 36 个无性系，RRIM800 组 10 个无性系，RRIM900 组 43 个无性系，RRIM2000 组 33 个无性系，使橡胶年产量从未经选择实生树的 500 kg/hm² 提高到 3 000 kg/hm²，橡胶单产和木材翻了 4 ～ 5 倍。如 RRIM2025，头 5 割年株次产干胶高达 98.5 g，14 龄单株木材产量达到 1.87 m³，按每亩存树 20 株计算，每亩木材产量可高达 37.4 m³。新近培育的 RRIM3000 组在产量上与 RRIM2000 组相近，但生长更为迅速，4 年半至 5 年即可达到开割标准。此外，马来西亚在有性品种选育和应用方面一直保持较大的优势，近期又向生产单位推荐了 GG6、GG7&8 等有性系。在砧木选择使用方面，除 GT1、PB5/51 外，还推荐使用 RRIM712、RRIM901 等。

在品种推荐方面，RRIM928、RRIM2001、RRIM2002、PB260 和 PB350 为 I 类推荐品种，品种特性为干胶产量不低于 1 500 kg/hm²/ 年，材积不小于 0.3 m³/ 株；RRIM2007、RRIM2023、RRIM2024 和 RRIM3001 为 Ⅱ 类推荐品种，推荐品种总种植面积不超过推荐地区总植胶面积的 40%，品种特性为干胶产量不低于 1 800 kg/hm²/ 年，材积不小于 0.3 m³/ 株；RRIM2025 作为胶木兼优品种推荐种植。

1. RRIM2001

选育单位： 马来西亚橡胶局。

亲本： RRIM 600 × PB 260。

推广等级和推荐种植区域： 推广等级为 Group1，主要推荐给在种植品种的数量和面积上不受控制的小农场主。

植物学特性： 叶蓬弧形，叶蓬间距中等，分离；大叶柄直，上仰，叶枕正常；小叶柄长度中等，下垂，分离；叶片倒卵形，叶基渐尖，叶端芒尖，叶缘无波浪，叶片浅绿色，三小叶分离。胶乳颜色为白色。成龄树树冠为扫帚形。

生产特性： 速生，开割前年茎围增粗 8.4 cm，5 年即可达到开割标准（超过 70% 的树距地面 170 cm 处茎围可达到 45 cm）；高产，比较试验区 S/2 d36d/7 割制，前 5 割年平均每刀株产为 55.3 g，1 ～ 5 割年平均干胶产量为 1 756 kg/hm²。原生皮厚度较厚。抗红根病和棒孢霉病，白粉病和炭疽病为中抗。

叶片形态

叶蓬形态

成龄林段

注：图片来自 IRRDB 会议资料。

2. RRIM2002

选育单位：马来西亚橡胶局。

亲本：PB 5/51 × FORD 351。

推广等级和推荐种植区域：推广等级为 Group1，主要推荐给在种植品种的数量和面积上不受控制的小农场主。

植物学特性：叶蓬圆锥形，叶蓬间距中等，分离；大叶柄直，上仰，叶枕正常或膨大，蜜腺凸起，叶痕心形；小叶柄短，平伸，分离；叶片椭圆形，叶基钝形，叶端渐尖，叶缘无波浪，叶片横截面船形，叶片浅绿色，三小叶重叠。胶乳颜色为黄色。

生产特性：速生，开割前年茎围增粗 9.5 cm，5 年即可达到开割标准（超过 70% 的树距地面 170 cm 处茎围可达到 45 cm）；高产，比较试验区 S/2 d36d/7 割制，前 5 割年平均每刀株产为 50.0 g，1 ~ 5 割年平均干胶产量为 1 605 kg/hm²。原生皮厚度较薄。抗红根病和棒孢霉病，白粉病和炭疽病为中抗。

叶片形态

叶蓬形态

注：图片来自 IRRDB 会议资料。

成龄林段

3. PB260

选育单位：马来西亚橡胶局。

亲本：PB5/51 × PB49。

推广等级和推荐种植区域：推广等级为 Group1，主要推荐给在种植品种的数量和面积上不受控制的小农场主。

植物学特性：叶蓬圆锥形，叶蓬间分离；大叶柄长，下垂，叶枕正常；小叶柄短，平伸，三小叶柄间夹角小；叶片倒卵形，叶基楔形，叶端急尖，叶缘大波浪，叶片横截面船形，叶片纵截面反弓形，叶片浅绿色，叶片质地平滑，光泽浅，三小叶重叠。胶乳颜色为浅黄色。

生产特性：速生，开割前年茎围增粗 8.3 cm，5 年即可达到开割标准（超过 70% 的树距地面 170 cm 处茎围可达到 45 cm）；高产，比较试验区 S/2 d36d/7 割制，前 3 割年平均每刀株产为 55.3 g，前 5 割年平均干胶产量为 1 525 kg/hm^2。抗红根病和棒孢霉病，白粉病和炭疽病为中抗。

叶片形态

叶蓬形态

成龄林段

注：图片来自 IRRDB 会议资料。

4. PB350

选育单位：马来西亚橡胶局。

亲本：IAN873 × RRIM803。

推广等级和推荐种植区域：推广等级为 Group1，主要推荐给在种植品种的数量和面积上不受控制的小农场主。

植物学特性：叶蓬弧形，叶蓬间分离；大叶柄直，上仰，叶枕正常，芽眼与大叶柄距离远；小叶柄短，平伸，三小叶柄间夹角小；叶片卵圆形，叶基钝形，叶端渐尖，叶缘无波浪，叶片横截面平，叶片纵截面平，叶片浅绿色，三小叶重叠。胶乳颜色为白色。

生产特性：速生，开割前年茎围增粗 8.3 cm，5 年即可达到开割标准（超过 70% 的树距地面 170 cm 处茎围可达到 45 cm）；高产，比较试验区 S/2 d36d/7 割制，前 3 割年平均每刀株产为 55.3 g，前 5 割年平均干胶产量为 1 525 kg/hm^2。抗红根病和棒孢霉病，白粉病和炭疽病为中抗。

叶片形态

叶蓬形态

注：图片来自 IRRDB 会议资料。

成龄林段

5. RRIM2024

选育单位：马来西亚橡胶局。

亲本：IAN873 × PB235。

推广等级和推荐种植区域：推广等级为Group2，该品种的种植规模不能超过总面积的40%。

植物学特性：叶蓬弧形，叶蓬间分离；大叶柄直，平伸，叶枕正常或膨大，蜜腺凸起，芽眼靠近大叶柄；小叶柄长，上仰，三小叶柄分离；叶片阔椭圆形，叶基钝形，叶端渐尖，叶缘无波浪，叶片横截面V形，叶片深绿色，三小叶分离。胶乳颜色为浅黄色。

生产特性：速生，开割前年茎围增粗9.2 cm，5年即可达到开割标准；高产，比较试验区S/2 d36d/7割制，前3割年平均每刀株产为49.4 g，1～3割年平均干胶产量为2 005 kg/hm^2。

叶片形态

叶蓬形态

成龄林段

注：图片来自IRRDB会议资料。

6. RRIM2025

选育单位：马来西亚橡胶局。

亲本：IAN873 × RRIM803。

推广等级和推荐种植区域：推广等级为 Group2，该品种的种植规模不能超过总面积的 40%，推荐作为胶木兼优品种种植。

植物学特性：叶蓬半球形，叶蓬间分离；大叶柄直，平伸，叶枕正常，蜜腺凸起，芽眼与大叶柄距离远；小叶柄长，上仰，三小叶柄分离；叶片倒卵形，叶基渐尖，叶端渐尖，叶缘大波浪，叶片横截面平，叶片纵截面反弓形，叶片深绿色，三小叶分离。胶乳颜色为白色。

生产特性：速生，开割前年茎围增粗大于 9 cm，5 年即可达到开割标准；高产，比较试验区 S/2 d36d/7 割制，前 3 割年平均每刀株产为 45.6 g，前 5 割年平均干胶产量为 2 700 kg/hm^2，14 龄单株立木总材积可达 1.5 m^3 以上。

叶片形态

叶蓬形态

成龄林段

注：图片来自 IRRDB 会议资料。

7. RRIM 3001

选育单位：马来西亚橡胶局。

亲本：IAN873×PB235。

推广等级和推荐种植区域：推广等级为Group2，该品种的种植规模不能超过总面积的40%，推荐作为胶木兼优品种种植。

植物学特性：茎干直立，叶痕呈马蹄形，腋芽贴近叶痕；鳞片痕与托叶痕呈一字形。叶蓬弧形，蓬距较长。大叶枕顺大，具浅沟；大叶柄平直、粗壮且平伸。小叶枕膨大约1/3；小叶柄中等长度，有浅沟，上仰。蜜腺腺点凸起，2～3枚，分离，周边不明显。叶片椭圆形，叶基楔形，叶端锐尖，叶缘无波，主脉平滑；叶片肥厚，有光泽，三小叶分离。胶乳为白色。

生产特性：速生，开割前年茎围增粗大于10 cm，5年即可达到开割标准；高产，比较试验区S/2 d36d/7割制，前3割年平均每刀株产为55 g，前5割年平均干胶产量为2 276 kg/hm^2。

叶片形态

叶蓬形态

成龄林段

注：图片来自IRRDB会议资料。

四、印度尼西亚

印度尼西亚与马来西亚几乎同时开展橡胶树选育种工作，成效也非常显著，1935—1960 年选育并推荐使用了 Tjir1、WR101、GT1、PR107、LCB1320 等优良无性系，田间年生产量达到 1 200～1 500 kg/hm²，较最初未经选择实生树的 500～700 kg/hm² 提高了 1 倍。1960—1985 年选育出了 PR255、PR261、TM2、TM9、BPM1、BPM24 等，年产量水平达到 1 500～2 000 kg/hm²。至 2010 年又选育出了 IRR100、IRR200 系列品种，产量达到 2 000～3 000 kg/hm²，至今，IRR300 系列也相继育成。

根据品种特性进行 2010—2014 年的品种推荐，BPM24、IRR104、PB260 和 IRR340 作为产量为主的品种推荐；IRR5、IRR32、IRR42、IRR112、IRR118、IRR220、IRR230、PB330 和 RRIC100 作为胶木兼优品种推荐；AVROS2037、GT1、PB260、RRIC100、PB330 和 BPM24 作为砧木品种推荐。

1. IRR5

选育单位：印度尼西亚橡胶研究所。

亲本：初生代无性系。

推广等级和推荐种植区域：作为胶木兼优品种商业化推广种植。

植物学特性：叶蓬半球形，叶蓬间分离，叶蓬叶片密集；大叶柄直，平伸，叶枕正常，蜜腺平，芽眼与大叶柄距离近；小叶柄长度中等，下垂，三小叶柄靠近；叶片倒卵形，叶基楔形，叶端渐尖，叶缘大波浪，叶片横截面船形，叶片纵截面平，叶片淡绿色，三小叶靠近。树干直立，树冠疏朗，胶乳颜色为白色。

生产特性：速生，开割前年茎围增粗 10.8 cm，开割后年平均茎围增粗 4.8 cm，5 年即可达到开割标准；高产，比较试验区 S/2 d36d/7 割制，前 6 割年平均每刀株产为 54.3 g，前 15 割年平均干胶产量为 2 066 kg/hm²；10 龄茎围可达 74.2 cm，干材 0.28 m³，冠材 0.33 m³，立木总材积可达 0.61 m³；抗白粉病，炭疽病和割面干涸病为中抗，抗风能力中等。

成龄林段

注：图片来自 IRRDB 会议资料。

2. IRR 104

选育单位：印度尼西亚橡胶研究所。

亲本：BPM101 × RRIC100。

推广等级和推荐种植区域：作为高产品种商业化推广种植。

植物学特性：叶蓬圆锥形，叶蓬间分离，叶蓬叶片密集；大叶柄直，平伸，叶枕正常，蜜腺平，芽眼与大叶柄距离近；小叶柄长度中等，平伸，三小叶柄靠近；叶片倒卵形，叶基楔形，叶端渐尖，叶缘大波浪，叶片横截面 V 形，叶片纵截面平，叶片绿色，三小叶靠近。树干直立，枝下高较高，树冠疏朗，胶乳颜色为白色。

生产特性：速生，开割前年茎围增粗 10.8 cm，开割后年平均茎围增粗 3.8 cm，5 年即可达到开割标准；高产，比较试验区 S/2 d36d/7 割制，前 6 割年平均每刀株产为 60.2 g，前 15 割年平均干胶产量为 2 083 kg/hm²；10 龄茎围可达 64.5 cm，干材 0.15 m³，冠材 0.32 m³，立木总材积可达 0.47 m³；抗炭疽病，白粉病和割面干涸病为中抗，抗风能力强。

成龄林段

注：图片来自 IRRDB 会议资料。

3. IRR119

选育单位：印度尼西亚橡胶研究所。

亲本：RRIM701 × RRIC100。

推广等级和推荐种植区域：作为胶木兼优品种试验推广种植。

植物学特性：叶蓬圆锥形，叶蓬间分离，叶蓬叶片密集；大叶柄直，平伸，叶枕正常，蜜腺平，芽眼与大叶柄距离近；小叶柄长度中等，平伸，三小叶柄靠近；叶片倒卵形，叶基钝形，叶端渐尖，叶缘大波浪，叶片横截面 V 形，叶片纵截面凸起，叶片绿色无光泽，质地软，三小叶靠近。胶乳颜色为浅黄色。

生产特性：速生，开割前年茎围增粗 9.5 cm，开割后年平均茎围增粗 4.5 cm，5 年即可达到开割标准；高产，比较试验区 S/2 d36d/7 割制，前 6 割年平均每刀株产为 51.3 g，前 15 割年平均干胶产量为 2 006 kg/hm²；20 龄胶树干材 0.78 m³，冠材 0.42 m³，立木总材积可达 1.20 m³；抗白粉病，炭疽病和割面干涸病为中抗，抗风能力中等。

成龄林段

注：图片来自 IRRDB 会议资料。

五、泰 国

泰国在 1933 年开展选育种工作，经历了 1933—1965 年、1965—1991 年、1991 年以后 3 个阶段，从最早的初生代无性系 KRS13 到 RRIT251，年产量水平从 300 kg/hm² 提高到 2 800 kg/hm²，近期又推出了更为高产的无性系 RRIT408，取得了巨大的成效。目前泰国也在着力拓展东北部植胶区，将植胶区划分为传统植胶区和非传统植胶区。

泰国 2011 年至今在传统植胶区大规模推荐种植的品种有：RRIT 251、RRIT 226、BPM 24 和 RRIM 600（高产品种），PB 235、PB 255 和 PB 260（高产速生品种），RRIT 402、AVROS 2037 和 BPM 1（速生品种）；在非传统植胶区大规模推荐种植的品种有：RRIT 408、RRIT 251、RRIT 22、BPM 24 和 RRIM 600（高产品种），RRII 118 和 PB 235（高产速生品种），RRIT 402、AVROS 2037 和 BPM 1（速生品种）。

1. RRIT408

选育单位：泰国橡胶研究所。

亲本：PB5/51 × RRIC101。

推广等级和推荐种植区域：大规模推广种植。

植物学特性：叶蓬弧形，叶蓬间距小，叶蓬叶片疏朗；大叶柄直，平伸，叶枕正常，蜜腺凸起，叶痕为圆形，芽眼凸起，芽眼与大叶柄距离远；小叶柄长度中等，平伸，三小叶柄分离；叶片倒卵形，叶基楔形，叶端渐尖，叶缘无波浪，叶片横截面平，叶片纵截面平，叶片绿色有光泽，质地软，三小叶分离。胶乳颜色为浅黄色。成龄树树冠椭圆形。

生产特性：高产，前 5 割年平均每刀株产为 46.7 g，平均干胶产量为 2 200 kg/hm²。

叶片形态

叶蓬形态

成龄林段

注：图片来自 IRRDB 会议资料。

2. RRIT251

选育单位：泰国橡胶研究所。

亲本：PB5/51 × RRIC101。

推广等级和推荐种植区域：大规模推广种植。

植物学特性：叶蓬半球形，叶蓬间距大，叶蓬叶片疏朗；大叶柄直，平伸，叶枕正常，蜜腺凸起，叶痕为心形，芽眼凸起，芽眼与大叶柄距离近；小叶柄长度中等，平伸，三小叶柄分离；叶片倒卵形，叶基楔形，叶端芒尖，叶缘大波浪，叶片横截面船形，叶片纵截面平，叶片淡绿色有光泽，质地硬，三小叶分离。胶乳颜色为白色。成龄树树干倾斜，树冠圆形。

生产特性：高产，前5割年平均每刀株产为51.4 g，平均干胶产量为2 920 kg/hm²。

叶片形态

叶蓬形态

成龄林段

注：图片来自 IRRDB 会议资料。

3. RRIT226

选育单位：泰国橡胶研究所。

亲本：PB5/51 × RRIM600。

推广等级和推荐种植区域：大规模推广种植。

植物学特性：叶蓬圆锥形，叶蓬间距大，叶蓬叶片疏朗；大叶柄直，平伸，叶枕正常，蜜腺凸起，叶痕为心形，芽眼凸起，芽眼与大叶柄距离近；小叶柄长度中等，平伸，三小叶柄分离；叶片倒卵形，叶基楔形，叶端渐尖，叶缘无波浪，叶片横截面平，叶片纵截面平，叶片淡绿色有光泽，质地硬，三小叶重叠。胶乳颜色为浅黄色。成龄树树冠圆锥形。

生产特性：高产，前 5 割年平均每刀株产为 46.7 g，平均干胶产量为 2 706 kg/hm²。

叶片形态

叶蓬形态

成龄林段

注：图片来自 IRRDB 会议资料。

4. RRIT 3604

选育单位：泰国橡胶研究所。

亲本：PB235 × RRIM600。

推广等级和推荐种植区域：非传统植胶区中规模推广种植。

植物学特性：叶蓬圆锥形，叶蓬间距大，叶蓬叶片疏朗；大叶柄直，平伸，叶枕正常，蜜腺平，叶痕为心形，芽眼平，芽眼与大叶柄距离大；小叶柄长度中等，平伸，三小叶柄分离；叶片椭圆形，叶基楔形，叶端渐尖，叶缘无波浪，叶片横截面 V 形，叶片纵截面平，叶片绿色有光泽，质地硬，三小叶重叠。胶乳颜色为浅黄色。成龄树枝条疏朗，分枝角度大。成龄树树干倾斜，树冠椭圆形。

生产特性：高产，前 5 割年平均每刀株产为 39.7 g。

叶片形态

叶蓬形态

成龄林段

注：图片来自 IRRDB 会议资料。

5. RRIT 3904

选育单位：泰国橡胶研究所。

亲本：PB235 × RRIM600。

推广等级和推荐种植区域：非传统植胶区中规模推广种植。

植物学特性：叶蓬圆锥形，叶蓬间距大，叶蓬叶片疏朗；大叶柄直，平伸，叶枕正常，蜜腺平，叶痕为心形，芽眼平，芽眼与大叶柄距离大；小叶柄长度中等，平伸，三小叶柄分离；叶片椭圆形，叶基楔形，叶端渐尖，叶缘无波浪，叶片横截面船形，叶片纵截面 S 形，叶片绿色无光泽，质地软，三小叶重叠。胶乳颜色为浅黄色。成龄树枝条疏朗，分枝角度大。成龄树树冠扫帚形。

生产特性：高产，前 5 割年平均每刀株产为 39.7 g。

叶片形态

叶蓬形态

成龄林段

注：图片来自 IRRDB 会议资料。

六、越 南

越南橡胶选育种研究于 1932 年由法国公司开始，后因战争停止。1977 年成立越南橡胶研究所，正式恢复研究，开展国外优良品种试种和自主选育相结合，每 3 ～ 5 年进行一轮新品种推荐。选育出的 RRIV 1、RRIV 5 年产量水平达到 2 000 kg/hm²，最新选育出的 RRIV 124 在小规模试验区年产量达 3 700 kg/hm²。

2016—2020 年的品种推荐以适应于国内的 5 大种植区为基础，I 类推荐品种种植面积占全国的 70%，以 RRIV 1、RRIV 106、RRIV 114、RRIV 209 和 PB 255 等品种为主；II 类推荐品种种植面积占全国的 25%，以 RRIV 5、RRIV 103、RRIV 109、RRIV 114、RRIV 115、RRIV 120、RRIV 124 和 RRIV 206 等为主；III 类推荐品种种植面积占全国总面积的 5%，以 RRIV 100 系列（RRIV 101–RRIV 125）和 RRIV 200 系列（RRIV 201–RRIV 231）为主。

1. RRIV 1

选育单位：越南橡胶研究所。

亲本：RRIC 110 × RRIC 117。

推广等级和推荐种植区域：东南部和西北部地区作为 I 类推荐品种种植。

植物学特性：叶蓬截顶圆锥形，叶蓬间距大，叶蓬叶片疏朗；大叶柄直，上仰，叶枕正常，蜜腺凸起，叶痕为心形，芽眼凸起，芽眼与大叶柄距离大；小叶柄长，平伸，三小叶柄分离；叶片椭圆形，叶基楔形，叶端渐尖，叶缘大波浪，叶片横截面船形，叶片纵截面 S 形，叶片绿色无光泽，质地软，三小叶分离。胶乳颜色为白色。成龄树树干倾斜，枝条疏朗，分枝角度大，树冠扫帚形并向一侧倾斜。

生产特性：速生，开割后茎围增粗一般；高产，干胶含量低，前 5 割年平均每刀株产为 49.4 g，1 ～ 6 割年平均干胶产量为 2 200 kg/hm²；白粉病发病率低，易感炭疽病，对棒孢霉病有一定抗性，抗寒和干旱能力中等。

叶片形态

叶蓬形态

成龄林段

注：图片来自 IRRDB 会议资料。

2. RRIV 5

选育单位：越南橡胶研究所。

亲本：RRIC110 × RRIC117。

推广等级和推荐种植区域：海拔低于 600 m 的丘陵和南部沿海地区 II 类推荐种植。

植物学特性：叶蓬截顶圆锥形，叶蓬间距大，叶蓬叶片疏朗；大叶柄直，平伸，叶枕正常，蜜腺凸起，叶痕为心形，芽眼凸起，芽眼与大叶柄距离大；小叶柄长度中等，平伸，三小叶柄分离；叶片倒卵形，叶基楔形，叶端渐尖，叶缘无波浪，叶片横截面平，叶片纵截面 S 形，叶片深绿色有光泽，质地硬，三小叶重叠。胶乳颜色为白色。成龄树树干倾斜，枝条疏朗，分枝角度大，树冠扫帚形并向一侧倾斜。

生产特性：速生，开割前后茎围增粗均较快；高产，干胶含量低，前 5 割年平均每刀株产为 43.3 g，1 ~ 7 割年平均干胶产量为 1 869 kg/hm^2；白粉病发病率中等，炭疽病发病率低，对棒孢霉病有一定抗性，抗寒能力中等，有较好的抗旱能力。

叶片形态

叶蓬形态

成龄林段

注：图片来自 IRRDB 会议资料。

3. RRIV106

选育单位：越南橡胶研究所。

亲本：RRIC110 × PB252。

推广等级和推荐种植区域：海拔低于 600 m 的丘陵地区、海拔 600 ～ 700 m 的丘陵地区和南部沿海地区 Ⅱ 类推荐种植。

植物学特性：叶蓬半球形，叶蓬间距小，叶蓬叶片密集；大叶柄弓形，平伸，叶枕正常，蜜腺凸起，叶痕小，芽眼凸起，芽眼与大叶柄距离小；小叶柄长度中等，上仰，三小叶柄分离；叶片倒卵形，叶基楔形，叶端急尖，叶缘大波浪，叶片横截面船形，叶片纵截面弓形，叶片浅绿色有光泽，质地软，三小叶重叠。胶乳颜色为白色。成龄树树干倾斜，树冠伞形。

生产特性：速生，开割前后茎围增粗均较快；高产，干胶含量中等，前 5 割年平均每刀株产为 71.0 g，大规模试验区内 1 ～ 8 割年平均干胶产量为 2 468 kg/hm^2；白粉病发病率中等，炭疽病发病率低，对棒孢霉病有一定抗性，抗寒能力差，有较好的抗旱能力。

叶片形态

叶蓬形态

成龄林段

注：图片来自 IRRDB 会议资料。

4. RRIV107

选育单位：越南橡胶研究所。

亲本：RRIC110 × RRIC104。

推广等级和推荐种植区域：东南和西北部、海拔低于 600 m 的丘陵地区和南部沿海地区 II 类推荐种植。

植物学特性：叶蓬半球形，叶蓬间距小，叶蓬叶片密集；大叶柄 S 形，平伸，叶枕膨大，蜜腺凸起，叶痕小，芽眼圆形，芽眼与大叶柄距离中等；小叶柄长，上仰，三小叶柄分离；叶片倒卵形，叶基渐尖，叶端渐尖，叶缘大波浪，叶片横截面船形，叶片纵截面平，叶片深绿色有光泽，质地硬，三小叶分离。胶乳颜色为白色。成龄树树干直立，树冠伞形。

生产特性：速生，开割前后茎围增粗均较快；高产，干胶含量中等，前 5 割年平均每刀株产为 40.9 g，大规模试验区内 1 ～ 8 割年平均干胶产量为 2 028 kg/hm²；白粉病抗病性强，炭疽病和棒孢霉病抗性中等，有较好的抗寒和抗旱能力。

叶片形态

叶蓬形态

成龄林段

注：图片来自 IRRDB 会议资料。

5. RRIV 114

选育单位：越南橡胶研究所。

亲本：RRIC 121 × PB 235。

推广等级和推荐种植区域：东南部植胶区作为Ⅱ类推荐品种推广种植。

植物学特性：叶蓬截顶圆锥形，叶蓬间距大；大叶柄直、上仰、叶枕正常、蜜腺凸起，叶痕小，芽眼正常，芽眼与大叶柄距离大；小叶柄短、平伸、三小叶柄分离；叶片椭圆形，叶基钝形，叶端渐尖，叶缘大波浪，叶片横截面 V 形，叶片纵截面平，叶片深绿色无光泽，质地平滑，三小叶分离。胶乳颜色为白色。成龄树树干直立，树冠圆锥形。

生产特性：速生，开割前后茎围增粗均较快；高产，干胶含量中等，前 5 割年平均每刀株产为 46.1 g，小规模试验区内 1 ～ 7 割年平均干胶产量为 2 511 kg/hm²；白粉病和炭疽病抗病性中等，棒孢霉病抗性强，抗寒能力差，有较好的抗旱能力。

叶片形态

叶蓬形态

成龄林段

注：图片来自 IRRDB 会议资料。

七、斯里兰卡

斯里兰卡的选育种工作起步也较早，在 20 世纪 30 年代即进行母树优株选择，选出 Mil3/2、Hil28 和 Wag6278 三个无性系，后期开展了高产实生树与高产芽接树间的人工杂交等工作，在引进的 PB86、Gl1、PR107，及抗白粉病种质 LCB1320、RRIC52 基础上，选育出了 RRIC100、RRIC102、RRIC105，这些无性系不仅高产、速生，且抗白粉病和条溃疡病，使单位面积干胶产量提高 6 倍，年干胶产量水平从 3 00 ～ 400 kg/hm² 增加到 2 000 kg/hm²。此外，斯里兰卡在各植胶国率先开展了抗南美叶疫病品种的选育工作，在引种巴西 IAN、FX、F 等无性系的基础上，与本国无性系杂交，向生产推出了 RRIC121、RRIC130 等抗南美叶疫病品种。

根据不同的种植群体或区域推荐不同的品种，主要分为种植园、小胶园、高海拔地区和非传统植胶区等 4 个类型。对种植园品种推荐方面，推荐原则为限定推荐种植品种在推荐种植区的比例或面积来预防橡胶树病害对产业的为害。在推荐品种方面，RRIC102、RRIC121、RRIC130、RRISL203 和 PB260 五个品种为 I 类，推荐种植在年降水量少于 3 750 mm 的地区，每个品种的种植面积不超过总种植面积 10%；RRISL201、RRISL205、RRISL206、RRISL210、RRISL211、RRISL215、RRISL217、RRISL219、PB235、PB28/59、PB217、BPM24、RRISL2001、RRISL2003 和 RRIC133 十五个品种为 Ⅱ 类，每个品种的种植面积不超过总种植面积 3%；RRISL208、RRISL2000、RRISL2002、RRISL2004、RRISL2005、RRISL2006、RRIM717、PB255、PR255、PR305、RRII105 等为 Ⅲ 类，每个品种种植面积不多于 2 hm²。对小胶园品种推荐方面，RRIC100 作为 a 类仅推荐种植在非传统植胶区；RRIC102、RRIC121、RRISL203 作为 b 类推荐种植；RRISL2001 作为 c 类推荐给土地面积大于 5 hm² 的胶园主，仍以种植面积不超过总面积的 10% 为原则。

1. RRISL203

选育单位：斯里兰卡橡胶研究所。

亲本：RRIC100 × RRIC101。

推广等级和推荐种植区域：I 类，推荐种植在年降水量少于 3 750 mm 的地区，每个品种的种植面积不超过总种植面积的 10%。

植物学特性：叶蓬半球形，叶蓬间距大，叶蓬叶片密集；大叶柄 S 形，平伸，叶枕膨大，蜜腺凸起，叶痕小，芽眼心形，芽眼靠近大叶柄；小叶柄长度中等，平伸，三小叶柄靠近；叶片倒卵形，叶基楔形，叶端急尖，叶缘大波浪，叶片纵截面S形，叶片横截面船形，叶片深绿色无光泽，质地粗糙，三小叶重叠。胶乳颜色为白色。成龄树树干直立，树枝分枝角度小，树冠形状不规则。

叶部形态

林段

注：图片来自 IRRDB 会议资料。

2. RRISL208

选育单位：斯里兰卡橡胶研究所。

亲本：RRIC101 × RRIM600。

推广等级和推荐种植区域：Ⅱ类，每个品种的种植面积不超过总种植面积的3%。

植物学特性：叶蓬半球形，叶蓬间距小，叶蓬叶片密集；大叶柄直，下垂，叶枕膨大，蜜腺平，叶痕大，芽眼心形，芽眼靠近大叶柄；小叶柄短，下垂，三小叶柄靠近；叶片椭圆形，叶基楔形，叶端急尖，叶缘无波浪，叶片纵截面弓形，叶片横截面 V 形，叶片深绿色无光泽，质地平滑，三小叶分离。胶乳颜色为浅黄色。成龄树树干直立，枝下高较高，树枝表面粗糙，树冠形状不规则。

叶部形态

林段

注：图片来自 IRRDB 会议资料。

3. RRISL211

选育单位：斯里兰卡橡胶研究所。

亲本：RRIC101 × RRIM600。

推广等级和推荐种植区域：Ⅱ类，每个品种的种植面积不超过总种植面积的3%。

植物学特性：叶蓬弧形，叶蓬间距大，叶蓬叶片疏朗；大叶柄直，平伸，叶枕正常，蜜腺平，叶痕小，芽眼心形，芽眼靠近大叶柄；小叶柄长，平伸，三小叶柄靠近；叶片倒卵形，叶基楔形，叶端急尖，叶缘大波浪，叶片纵截面S形，叶片横截面平，叶片绿色无光泽，质地平滑，三小叶靠近或重叠。胶乳颜色为白色。成龄树树干直立，枝下高较高，树冠形状不规则。

叶部形态

林段

注：图片来自IRRDB会议资料。

4. RRISL219

选育单位：斯里兰卡橡胶研究所。

亲本：PB28/59 × RRIC102。

推广等级和推荐种植区域：Ⅱ类，每个品种的种植面积不超过总种植面积的3%。

植物学特性：叶蓬弧形，叶蓬间距大，叶蓬叶片疏朗；大叶柄直，平伸，叶枕膨大，蜜腺平，叶痕大，芽眼心形，芽眼靠近大叶柄；小叶柄长，上仰，三小叶柄靠近；叶片椭圆形，叶基楔形，叶端急尖，叶缘大波浪，叶片纵截面平，叶片横截面船形，叶片深绿色无光泽，质地平滑，三小叶靠近或重叠。胶乳颜色为黄色。成龄树树干椭圆形，枝下高较高，树冠形状不规则。

叶部形态

林段

注：图片来自 IRRDB 会议资料。

5. RRISL 2001

选育单位：斯里兰卡橡胶研究所。

亲本：RRIC 100 × RRIC 101。

推广等级和推荐种植区域：作为 c 类推荐给土地面积大于 5 hm² 的胶园主，但以种植面积不超过总面积的 10% 为原则。

植物学特性：叶蓬半球形，叶蓬间距大，叶蓬叶片密集；大叶柄弓形，平伸，叶枕膨大，蜜腺平，叶痕小，芽眼圆形，芽眼靠近大叶柄；小叶柄长度中等，平伸，三小叶柄靠近；叶片椭圆形，叶基楔形，叶端急尖，叶缘无波浪，叶片纵截面平，叶片横截面 V 形，叶片深绿色有光泽，质地平滑，三小叶显著分离。胶乳颜色为白色。成龄树树干圆形，枝下高较低，树冠椭圆形。

叶部形态

林段

注：图片来自 IRRDB 会议资料。

八、尼日利亚

尼日利亚 1895 年引入未经选择的魏克汉种源实生树，尼日利亚橡胶育种站于 1961 年在西部城市贝宁成立。1895—1961 年出现了大小不等的橡胶树种植园，一些橡胶公司通过与亚洲公司合作的形式引入无性系种植材料，主要是英联邦殖民的国家。在尼日利亚橡胶树育种站成立之前，RRIM、RRIC、PB 和 Tjir 等系列的品种已经出现在尼日利亚。尼日利亚橡胶树育种站成立以后，他们开始积极从马来西亚、斯里兰卡等国家引进橡胶树种质资源。

通过几个阶段的合并、收购等形式，1973 年尼日利亚橡胶育种站正式更名为尼日利亚橡胶研究所，总部设在贝宁。育种站在 20 世纪 60 年代从马来西亚和斯里兰卡收集的橡胶树种质资源，包括印度尼西亚起源的 PR 和 Tjir 系列，巴西的 IAN 系列和利比里亚的 Har 系列无性系。20 世纪 80 年代，尼日利亚橡胶研究所同样在 IRRDB 组织的亚马孙流域橡胶树野种种质的采集中受益。尼日利亚橡胶树种质的改良开始于 60 年代收集的斯里兰卡、马来西亚、利比里亚和印度尼西亚橡胶树种质资源，通过试种试验，14 个无性系作为高产无性系被筛选出来。这些无性系经过多点试验并在全国作物品种、渔业和畜牧业登记和发放委员会进行品种登记。这些品种命名为 NIG800 系列，从 NIG800–NIG813。

1. NIG800

选育单位：尼日利亚橡胶研究所。

亲本：RRIM501 × Har1。

推广等级和推荐种植区域：大规模推广种植。

植物学特性：叶蓬半球形，叶蓬间距大，叶蓬叶量中等；大叶柄直，上仰，叶枕正常，蜜腺平，叶痕小，芽眼与大叶柄距离大；小叶柄长度中等，上仰，三小叶柄分离；叶片椭圆形，叶基渐尖，叶端急尖，叶缘无波浪，叶片纵截面弓形，叶片横截面 V 形，叶片绿色无光泽，质地平滑，三小叶分离。胶乳颜色为浅黄色。成龄树树干卵形，树皮较硬。

生产特性：速生，前 5 割年平均每刀株产为 38.78 g。

叶片形态

叶蓬形态

成龄林段

注：图片来自 IRRDB 会议资料。

2. NIG 801

选育单位：尼日利亚橡胶研究所。

亲本：RRIM600 × PR107。

推广等级和推荐种植区域：大规模推广种植。

植物学特性：叶蓬弧形，叶蓬间距大，叶蓬叶量中等；大叶柄直，上仰，叶枕膨大，蜜腺平，叶痕小，芽眼圆形，芽眼与大叶柄距离大；小叶柄长度中等，上仰，三小叶柄分离；叶片倒卵形，叶基楔形，叶端急尖，叶缘无波浪，叶片纵截面弓形，叶片横截面 V 形，叶片深绿色无光泽，质地平滑，三小叶显著分离。胶乳颜色为浅黄色。成龄树树干卵形，树皮较硬。

生产特性：速生，前 5 割年平均每刀株产为 34.72 g。

叶片形态

叶蓬形态

成龄林段

注：图片来自 IRRDB 会议资料。

3. NIG803

选育单位：尼日利亚橡胶研究所。

亲本：RRIM600×PR107。

推广等级和推荐种植区域：大规模推广种植。

植物学特性：叶蓬半球形，叶蓬间距大，叶蓬叶量中等；大叶柄弓形，上仰，叶枕膨大，蜜腺平，叶痕小，芽眼圆形，芽眼与大叶柄距离大；小叶柄长度中等，上仰，三小叶柄分离；叶片倒卵形，叶基楔形，叶端渐尖，叶缘无波浪，叶片纵截面弓形，叶片横截面V形，叶片深绿色无光泽，质地平滑，三小叶显著分离。胶乳颜色为浅黄色。成龄树树干卵形，表面光滑，树皮较硬。

生产特性：速生，前5割年平均每刀株产为46.1 g。

叶片形态

叶蓬形态

成龄林段

注：图片来自IRRDB会议资料。

九、菲律宾

在菲律宾，大规模推荐种植品种为 RRIM 600、RRIM 712、PB 235、PB 260、USM 1、PB 330 和 PB 331。

USM1

选育单位：菲律宾南棉兰老岛大学。

亲本：初生代无性系。

推广等级和推荐种植区域：中规模推广种植。

植物学特性：叶蓬圆锥形，叶蓬间距大，叶蓬叶片密集；大叶柄直，上仰，叶枕膨大，蜜腺平，叶痕小，芽眼不规则，芽眼与大叶柄距离大；小叶柄长，上仰，三小叶柄间距离大；叶片倒卵至椭圆形，叶基钝形，叶端芒尖，叶缘大波浪，叶片纵截面平，叶片横截面 V 形，叶片绿色无光泽，质地平滑，三小叶分离。胶乳颜色为白色。茎干有弯曲，成龄树树干直立，树枝表面光滑，原生皮厚，树冠椭圆形。

生产特性：速生，前 5 割年平均每刀株产为 92.5 g，1 ～ 5 割年平均干胶产量为 2 548 kg/hm²。

叶片形态

叶蓬形态

成龄林段

注：图片来自 IRRDB 会议资料。

十、科特迪瓦

科特迪瓦是非洲主要产胶国，胶园建设条件较好，管理较为规范，产业发展有一定的规模和基础，2016 年科特迪瓦橡胶种植面积约为 52 万 hm²，产量达 35 万 t，分别占非洲的 59.1% 和 55%。2017 年种植面积增加至 60 万 hm²，2018 年产量近 80 万吨，使其成为非洲最大、世界第 7 的天然橡胶生产国。

非洲橡胶研究所（IRCA）成立于 1956 年，为该国橡胶树选育种的主要研究机构，随后为加强橡胶研究于 1986 年改名为国家农业研究中心（CNRA）。经过多年的引种试种，杂交试验，选育出了一批优良的无性系材料，并对无性系进行分类，根据各无性系特性，向橡胶公司和开发机构提出橡胶栽培建议。目前，科特迪瓦大规模推广的品种有：GT1、IRCA41、IRCA230、IRCA331 和 PB217。另外，还选育了 IRCA229、IRCA323、IRCA317、IRCA428、IRCA733、IRCA825、IRCA933 和 IRCA1008 等一批重要的高产材料。

1. IRCA41

选育单位：科特迪瓦国家农业研究中心。

亲本：GT1 × PB5/51。

推广等级和推荐种植区域：大规模推广种植。

植物学特性：叶蓬半球形，叶蓬间距大，叶片叶量中等；大叶柄直，平伸，叶枕正常，蜜腺平，叶痕小，芽眼心形，芽眼靠近大叶柄；小叶柄长度中等，平伸，三小叶柄靠近；叶片倒卵形，叶基楔形，叶端急尖，叶缘大波浪，叶片纵截面弓形，叶片横截面船形，叶片绿色有光泽，质地平滑，三小叶分离。胶乳颜色为浅黄色。成龄树树干倾斜，树枝表面光滑，原生皮薄，树冠椭圆形。

生产特性：速生，前 5 割年平均每刀株产为 45.86 g，1 ~ 5 割年平均干胶产量为 2 257 kg/hm²，割制为 S/2 d4 6 d/7 ET2，5 % PA1（1）10/y。

叶片形态

叶蓬形态

成龄林段

注：图片来自 IRRDB 会议资料。

2. IRCA230

选育单位：科特迪瓦国家农业研究中心。

亲本：GT1×PB5/51。

推广等级和推荐种植区域：大规模推广种植。

植物学特性：叶蓬半球形，叶蓬间距大，叶片叶量中等；大叶柄直，平伸，叶枕正常，蜜腺凸起，叶痕小，芽眼心形，芽眼靠近大叶柄；小叶柄长度中等，下垂，三小叶柄靠近；叶片椭圆形，叶基渐尖，叶端急尖，叶缘无波浪，叶片纵截面弓形，叶片横截面船形，叶片绿色有光泽，质地平滑，三小叶重叠。胶乳颜色为浅白色。成龄树树干直立，树枝表面光滑，原生皮薄，树冠椭圆形。

生产特性：速生，前5割年平均每刀株产为67.18 g，1～5割年平均干胶产量为2 630 kg/hm²，割制为S/2 d4 6 d/7 ET2，5 % PA1（1）10/y。

叶片形态

叶蓬形态

成龄林段

注：图片来自 IRRDB 会议资料。

3. IRCA317

选育单位：科特迪瓦国家农业研究中心。

亲本：GT1 × PB5/51。

推广等级和推荐种植区域：中规模推广种植。

植物学特性：叶蓬半球形，叶蓬间距大，叶片叶量中等；大叶柄直，平伸，叶枕正常，蜜腺凸起，叶痕小，芽眼心形，芽眼与大叶柄距离远；小叶柄短，下垂，三小叶柄靠近；叶片倒卵形，叶基楔形，叶端急尖，叶缘无波浪，叶片纵截面弓形，叶片横截面船形，叶片绿色有光泽，质地平滑，三小叶分离。胶乳颜色为浅白色偏黄。成龄树树干直立，树枝表面光滑，原生皮薄，树冠圆锥形。

生产特性：速生，前 5 割年平均每刀株产为 60.28 g，1 ～ 5 割年平均干胶产量为 2 989 kg/hm^2，割制为 S/2 d4 6 d/7 ET2，5 % PA1（1）10/y。

叶片形态　　　　　　　　　　　　　　叶蓬形态

林段

注：图片来自 IRRDB 会议资料。

4. IRCA331

选育单位：科特迪瓦国家农业研究中心。

亲本：GT1 × RRIM600。

推广等级和推荐种植区域：大规模推广种植。

植物学特性：叶蓬圆锥形，叶蓬间距大，叶片叶量中等；大叶柄反弓形，平伸，叶枕膨大，蜜腺凸起，叶痕小，芽眼心形，芽眼与大叶柄距离近；小叶柄短，下垂，三小叶柄分离；叶片倒卵形，叶基楔形，叶端急尖，叶缘小波浪，叶片纵截面弓形，叶片横截面弓形，叶片绿色有光泽，质地平滑，三小叶分离。胶乳颜色为浅白色偏黄。成龄树树干直立，树干表面光滑，原生皮薄，树枝分枝角度较大，树冠圆锥形。

生产特性：速生，前 5 割年平均每刀株产为 60.64 g，1 ～ 5 割年平均干胶产量为 3 160 kg/hm^2，割制为 S/2 d4 6 d/7 ET2，5 % PA1（1）10/y。

叶片形态

叶蓬形态

林段

注：图片来自 IRRDB 会议资料。

5. IRCA825

选育单位：科特迪瓦国家农业研究中心。

亲本：PB235 × IRCA209。

推广等级和推荐种植区域：小规模推广种植。

植物学特性：叶蓬圆锥形，叶蓬间距大，叶片叶量中等；大叶柄反弓形，平伸，叶枕膨大，蜜腺凸起，叶痕小，芽眼圆形凸起，芽眼与大叶柄距离远；小叶柄长度中等，平伸，三小叶柄靠近；叶片椭圆形，叶基渐尖，叶端急尖，叶缘小波浪，叶片纵截面弓形，叶片横截面弓形，叶片绿色有光泽，质地平滑，三小叶分离。胶乳颜色为浅黄色。成龄树树干斜，树干表面光滑，原生皮薄，树枝分枝疏朗，树冠椭圆形。

生产特性：速生，前 5 割年平均每刀株产为 79.38 g，1 ～ 5 割年平均干胶产量为 3 053 kg/hm²，割制为 S/2 d4 6 d/7 ET2，5 % PA1（1）10/y。

叶片形态

叶蓬形态

成龄林段

注：图片来自 IRRDB 会议资料。

十一、缅 甸

在1876年魏克汉将橡胶树引种到亚洲国家的时候，缅甸也开始引种橡胶树，1905年由英国的公司进行商业化种植。种植材料上多以低产的品种和未经选择的实生树为主，总体产量水平较低。在1980—1985年和1985—1992年这两个时期，通过世界银行贷款的资助，开始引种国外优良无性系进行试种试验，筛选出表现较好的PB235、PB260、RRIM623、RRIC100、RRIC110和BPM24六个无性系进行推广种植。通过优良无性系间的杂交，子代筛选，培育出适合国内种植的橡胶树新品种材料。

在产业发展上遇到最大的问题就是单位面积产量和橡胶产业工人总体水平均较低，为解决这一问题，2005年由橡胶种植户、贸易商和橡胶产品制造商等成立缅甸橡胶种植者和生产者协会，隶属缅甸工商联合会，2007年加入IRRDB。随着21世纪初天然橡胶价格的上升和需求量的剧增，缅甸橡胶树的种植业也随之迅速发展。截至2013年，缅甸天然橡胶种植面积为581 348 hm^2，其中开割面积213 640 hm^2。年单位面积产量770 kg/hm^2，年干胶产量16万吨。

1. ARCPC2

选育单位：缅甸橡胶研究所。

亲本：BPM24 × PB260。

植物学特性：叶蓬半球形，叶蓬间距中等，叶片叶量中等；大叶柄直、平伸，叶枕正常，蜜腺正常，叶痕大，芽眼不规则形状，芽眼与大叶柄距离近；小叶柄长度中等，平伸，三小叶柄靠近；叶片倒卵形，叶基渐尖，叶端急尖，叶缘小波浪，叶片纵截面弓形，叶片横截面船形，叶片绿色有光泽，质地平滑，三小叶靠近或重叠。胶乳颜色为浅黄色。成龄树树干直立，树干表面光滑，原生皮厚，树枝分枝角度大，枝条密集，树冠椭圆形。

生产特性：速生，前2割年平均每刀株产为62.93 g，割制为S/2 d2。

叶片形态

叶蓬形态　　　　　　　　　　成龄林段

注：图片来自 IRRDB 会议资料。

2. ARCPC6

选育单位：缅甸橡胶研究所。

亲本：PB260 × RRIC100。

植物学特性：叶蓬半球形，叶蓬间距大，叶片叶量中等；大叶柄直，上仰，叶枕正常，蜜腺平，叶痕大，芽眼不规则形状，芽眼与大叶柄距离远；小叶柄短，平伸，三小叶柄靠近；叶片倒卵形，叶基钝形，叶端急尖，叶缘无波浪，叶片纵截面弓形，叶片横截面弓形，叶片深绿色有光泽，质地平滑，三小叶靠近或重叠。胶乳颜色为浅黄色。成龄树树干直立，树干表面光滑，原生皮薄，树枝分枝疏朗，树冠扫帚形。

生产特性：速生，前 2 割年平均每刀株产为 53.31 g，割制为 S/2 d2。

叶片形态

叶蓬形态

成龄林段

注：图片来自 IRRDB 会议资料。

第二章

主推技术篇

一、籽苗芽接育苗技术

橡胶树籽苗芽接育苗技术是在传统芽接育苗技术的基础上，通过选择芽接时间和配套抚管措施而形成的一项新技术。采用籽苗芽接育苗技术可缩短育苗时间 0.5～1 年；芽接过程由室外芽接更改为室内芽接，大幅度降低了育苗过程的劳动强度，芽接过程采用离土芽接，节省苗圃用地面积 30% 以上。该类种苗砧穗愈合时间长，具有主根发达、完整，定植后生长速度快等优点。

技术要点如下。

1. 苗圃地与设施

沙床建设地点一般选择在距水源较近，地形平坦，不积水，交通方便的地方。苗圃地先作平整。沙床宽 80～100 cm（包括沙床周边），长依地形而定，以方便管理为宜，高约 20 cm。沙床四周用砖块垒成。沙床内填入干净的沙子。

荫棚高 1.8 m 或以上，宽和长可根据苗圃地地形和育苗规模而定，但以能容纳所有的芽接好的籽苗为宜。荫棚必须牢固，可经得住大风大雨。

防雨棚高 1.8 m 或以上，宽和长可根据苗圃地地形和育苗规模而定，但以能方便芽接工人进行苗木移植操作为宜。

在苗圃地内或苗圃地附近建有水池或其他给水设备。

2. 种子与接穗材料

各种橡胶树种子，但以 GT1 品系的种子为最佳。橡胶树种子一般在播种前收集。种子以种腹朝下或朝一侧，密度和播种方法及管理如常规要求。播种时间在拟定开始芽接前约 2 周。

接穗采用直径 0.5～1.2 cm、顶蓬叶老化或萌动期的绿色小芽条。绿色小芽条的培育方法：于芽接前 2～3 月，对约一年生的芽条在密节芽处进行短截，促使其萌生数个小分枝，在分枝的顶蓬叶老化或萌动期时即可采用。

3. 营养土

营养土由肥沃表土和腐熟有机肥组成。装袋前应充分混合堆沤 2 周以上。

将营养土挖松混均，装入营养袋中，装袋时应一边装土一边打实营养土，以避免营养袋断折。装好营养土的营养袋置于防雨棚下，按（0～1）cm ×［（10～15）cm +

（55～60）cm］（大小行排列），小行处挖出浅沟；营养袋以袋靠袋放置于浅沟内，大行间培土护住营养袋。营养袋尺寸：15 cm×33 cm（平放，宽×长），聚乙烯或聚丙烯薄膜，厚0.03～0.06 mm，白色或黑色。

4. 芽　接

在橡胶树籽苗长约 20 cm 时，选择粗壮的无畸形和病害的籽苗并将籽苗整株拔出，用清水冲洗去籽苗上的泥土和污物，置于广口容器内，籽苗根部浸泡在少量清水中；在籽苗茎干基部扁平处用芽接刀割开长约 5 cm、宽约半茎周的芽接口；从绿色小芽条上割取小芽片，芽片大小略小于芽接口；在芽接口上端用芽接刀尖挑起腹囊皮，切去长约 2/3 的腹囊皮；将小芽片小心放入芽接位，由腹囊皮残端夹住，将绑带从芽接口下方自下往上绑起，将芽片绑住，捆绑时松紧度适中，绑至接口上方后将绑带捻成线状并捆绑住最上一圈绑带上。将芽接好的籽苗存放于另一个广口容器中，存放方法同芽接前，但芽接口不可浸入水。芽接过程可在室内或其他阴凉处进行。

5. 种植与管理

芽接好的籽苗在出现萎蔫之前种植，一般在芽接半天或当天种植。将籽苗移栽于营养袋中。种植时先用木棒在袋子中间捅出一个长度长于籽苗主根长，宽度大于种子的洞，将籽苗主根插入洞中，用木棒将四周泥土朝主根处压紧。淋足定根水。种植后定时淋水保湿，在芽接后头 10 天内不能淋湿芽接口。在芽接后 15 天至 30 天将芽接成活的籽苗切去顶芽，约 30 天时解绑，或在砧木茎粗 1.5～2.5 cm 时截干。

芽接一个月后每月施水肥 1～2 次，复合肥 1～2 g/ 株。芽接成活及叶片老化后，截去顶干留下最下面的一蓬叶片，抹去砧木芽和腋芽。也可以待砧木茎粗长到 1.5～2.5 cm 时直接截干，并抹去砧木上所有芽点。

6. 出圃与定植

橡胶树籽苗芽接苗 2 蓬叶以上，接穗直径 0.4 cm 或以上时，苗木可以出圃。出圃前，若苗木主根大量穿袋时，先搬动营养袋切断穿出主根，留在苗圃中再培育 1～2 周出圃。营养土松散的苗木不能出圃。橡胶树籽苗芽接苗的大田种植方法同其他装袋苗。

注：照片由王军和周珺提供。

二、小筒苗育苗技术

橡胶树小筒苗育苗技术通过改进育苗容器和育苗基质以及抚管技术措施，培育出个体小、质量轻的定植材料，是目前标准化生产中劳动强度最低，适合于工厂化生产的橡胶树育苗技术，是现有橡胶树育苗技术的替代技术。

1. 苗圃地与设施

除常规的裸根苗、小苗芽接苗、籽苗芽接苗需准备的育苗设施条件外，橡胶树小筒苗培育采用的育苗容器为上口直径 6 cm，下口直径 2 cm，高 36 cm 的圆锥形筒状容器和配套育苗架。

2. 胚苗材料

胚苗材料以裸根苗、籽苗芽接苗、小苗芽接苗、组培苗均可。

3. 育苗基质

育苗基质以表土：其他有机质（如牛粪）：椰糠（0.5：0.5：1），椰糠：其他腐殖质（如水藓泥炭）（1：1）均可。将配制完成的育苗基质混匀，装入育苗杯中，按 10 株 / 架排列。

4. 胚苗移栽

移栽时先用木棒在育苗筒中间捅出一个长度长于胚苗主根长，宽度大于砧木的洞，将胚苗主根插入洞中，用木棒将四周育苗基质朝主根处压紧，淋足定根水。

5. 苗木抚管

水分管理视季节和天气、育苗基质保水情况而定。如基质保水情况较好，一般隔天需要淋足水 1 次；如基质保水情况一般，一般每天需要淋足水 1 次；如遇高温炎热的夏季，需要每天早晚各淋一次水。养分管理可以通过与水分管理一起进行，每两周滴灌一次 1% 复合肥溶液（N：P：K=17：17：17）100 mL/ 杯，也可以每月施复合肥（N：P：K=17：17：17）0.3 ~ 0.5 g/ 杯。抹芽操作同籽苗芽接苗、裸根苗以及小苗芽接苗培育。

6. 出圃和定植

橡胶树小筒苗育苗筒底部有少量根系穿出同时苗木达 2 蓬叶即可出圃。种植方法建议采用捣洞法定植技术。在开垦质量较差或不易捣出小植穴或捣不成完整小植穴的胶园建议可采用常规定植方法进行小筒苗大田定植。

注：照片由林位夫和周珺提供。

三、自根幼态无性系育苗技术

自根幼态无性系（组培苗），具有高产、速生、高抗等优点，我国突破了橡胶树组培苗多代次大规模繁育技术，建立了一套较为成熟的工厂化生产技术与工艺。

1.技术原理和性能指标

技术原理：以橡胶树花药、内珠被等外植体体胚发生为基础，诱导体细胞胚次生体胚发生，实现胚到胚的循环增殖，最终达到橡胶树自根幼态无性系快速增殖的目的。

性能指标：年体胚增殖系数达 10 000，体胚再生植株频率平均达 70%，体胚植株沙床移栽成活率达 90% 以上，装袋成活 96%。

2.定植和抚管

参照小筒苗定植和抚管技术。

3.应用前景

可在世界范围内推广应用。根据前人大量的研究和本研究团队的大田生产性验证，结果表明橡胶树组培苗对比常规芽接苗速生、缩短 1 年非生产期、林相整齐、茎围均一度高、主干干性强、抗风优良，同比增产 20%～30%。

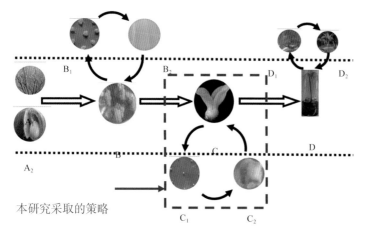

橡胶树自根幼态无性系的繁育方法

胚状体

分级
培养

效率
倍增

植株
再生

沙床
育苗

大田
种植

袋装
育苗

注：图片由徐正伟提供。

四、"围洞法" 抗旱定植技术

"围洞法" 节水抗旱定植技术，利用疏松泥土隔热保墒的作用和 "苗井" 形状的庇护作用，调节温度，减弱风速，减少水分蒸腾，有效地改善植穴微立地环境条件，促进苗木成活和生长。技术要点如下。

1. 备 土

在植穴旁边备好 3 ～ 4 土箕疏松的表土。

2. 苗木定植

采用芽接桩或袋苗作定植材料，按常规要求进行定植，淋足定根水。

3. 围洞处理

待植穴面上的水下渗，直到植穴表面干爽后，作如下处理。

（1）围栏法：事先用竹片或塑料等材料制备的 "抗旱栏"（高约 23 cm、上开口直径约 13 cm、下开口直径约 15 cm）将露出地面的苗木套在中间，并略往下按 "抗旱栏"，然后将备用表土培到 "抗旱栏" 外侧四周，培土高至 "抗旱栏" 上缘（注意：泥土不要掉入 "抗旱栏" 内），培成一个中间有空洞（即 "抗旱栏" 内侧，简称 "苗井"）、高约 23 cm 的土堆，土堆裙部完全覆盖淋湿的和疏松的植穴表面；

（2）就地取材法：以露出地面的苗木为中心插一圈小木棍（小木棍圈的直径约 16 cm，小木棍粗约 1 cm、长约 30 cm，其中插入土深约 7 cm，留高约 23 cm），然后用（废）纸张、植物叶片等围在小木棍圈外侧四周，再朝纸张等外侧培土，培土高至木棍上端（注意：泥土不要掉入纸墙内侧），形成一个中空的土堆。

围洞处理后，一般天气情况下不必再淋水。若遇极端干旱或高温天气，如连续刮焚风等，可每周往每个 "苗井" 内淋一杯水（约 1 L 水）。

在苗木成活（植后新抽第一蓬叶稳定至第二蓬叶萌动）后，扒开土堆，回收 "抗旱栏" 等材料。"围洞法" 节水抗旱定植处理即结束。

本法适用于季节性干旱地区旱季定植。与传统抗旱定植技术相比，本法省工、省水，同时提高定植成活率和林相整齐度。

围洞法处理鸟瞰图

注：照片由林位夫提供。

五、"包裹法"防寒技术

"包裹法"橡胶树防寒技术，根据"热物理—低温生物学"理论，采用隔热保温和化学诱导生物体自我防御能力等物理和化学方法相结合的方法进行树体防寒。化学诱导，主要借助化学试剂、激素类等物质处理橡胶树体，诱导橡胶树体自身调整防御外界低温胁迫的自我防御保护能力；物理外包裹通过阻隔温度传导，选择和化学物质液体制剂相结合的方法对橡胶树进行防寒保护。

技术要点如下。

（1）用混配好的防寒隔冷液对橡胶树拟保护部位刷涂约1分钟，在刷洗去表面杂物的同时形成均匀的一层药物保护层。

（2）用内表面带有保温胶水的橡塑板薄层包裹在刷涂部位上，使之与药物保护层紧密接触。

（3）用保温胶水涂抹橡塑板顶端与树体接触处以防止雨水等渗入，但环形包裹物下端保留通气。

由防寒隔冷液和橡塑板形成闭合包裹层，在被保护部位外层形成由"橡塑板和稠状液体组成的密闭保护层"的防寒保护屏障，在提高自身抗寒能力的同时隔绝外部低温阴雨对被保护部位的影响，可使被保护部位在约4℃持续低温情况下免遭寒害。

本法适用于热带树木茎干大枝保温防寒，可有效减轻平流型降温和部分减少辐射型降温所致的寒害。

防寒保护效果

防寒保护效果（移去保护层）

防寒保护效果　　　　　　　　　　　防寒保护效果（移去保护层）

根茎部位防寒　　　　　　　　　　　根茎部位防寒

注：照片由张希财和王纪坤提供。

六、防风抗风减灾栽培简约技术

国内外在橡胶树抗风减灾栽培措施方面有很多较好的实践，如培育和种植抗风品系，品种对口配置，营造防护林，修枝整形，植胶园区种植规划、大穴深种、适度密植等。这些技术理论对预防和减轻橡胶树抗风减灾起到一定效果。但因为土地资源逐渐珍贵，防护林建造成本高、周期长，抗风新品种匮乏等原因，目前胶园的抗风能力普遍偏弱。针对现有技术上存在的不足，本技术旨在通过在常规橡胶园的行间间套种植非胶树木（抗风性好且有一定经济价值），结合有效可行的林间抚管措施，最后在橡胶树行间保留一行非胶树木并与橡胶树长期共存的方式，在橡胶林行间林分组成互相衔接，缩小空气流动的通道，减弱风速，削弱风压，减轻胶园特别是一些高产抗风性能较差品种的风害，提升胶园整体抗风能力，保存更多的有效割株。同时，利用胶园行间间套种植的抗风作物，生产副产品，扩大产出，增加收入，并改善胶园生态效益，可提高橡胶生产总体效益。技术要点如下。

1. 橡胶树定植技术

培育栽培矮化抗风树冠品系，选择抗风、高产优良橡胶栽培品系（生产上主推品系热研 7-33-97、PR107、RRIM600、大丰 95、文昌 217、文昌 11、海垦 2 等），以株行间距为 3 m×7 m 挖穴定植。植穴规格为穴面 80 cm×80 cm，穴深 60 cm，穴底 50 cm×50 cm，可根据地形地质、人工挖掘或挖穴机作业方式适当调整，每穴施足基肥。

2. 优良抗风树种选择与间套定植方法

选择本地有一定经济价值的抗风树种如火力楠（*Michelia macclurei* Dandy）、米老排（*Mytilaria laosensis*）、油茶（*Camellia oleifera* Abel）、桃花心木（*Swietenia mahagoni*（L.）Jacq.）、肉桂（*Cinnamomum cassia* Presl）、母生（*Homalium hainanense* Gagnep.）等优良抗风树种（但不限于上述树种），以株距 3 m，与橡胶树交叉呈"品"字形，呈三角形布局定植于胶树行间，同时保持与橡胶树距离 3.5～3.8 m；植穴的深宽为 40 cm×40 cm，每穴下 10 kg 左右有机肥作基肥。

在雨季定植非胶树木苗，胶园和间作物按常规要求管理。

3. 林间作业抚管措施

橡胶树的抚管参照本地橡胶树栽培技术规程并结合当地的环境气候与胶园管理有关规

定执行。种植环境对口品种；间套防风抗风树种根据实际地形和胶树定植布局；配合高效防护林营造；根据树冠结构的疏朗通透要求，合理修枝整型，幼龄期开始控制分枝的高度、条数和均匀度，使胶树保持矮、壮、匀、疏的良好树型；去劣补植；中期进行非胶树木修枝整形，确保间种树木不会影响遮蔽橡胶树；加强病虫害防治及施肥管理等措施，同时在空隙地建立低矮豆科类覆盖作物〔爪哇葛藤（*Pueraria phaseoloides*（Roxb.）Benth.）、柱花草（*Stylosanthes guianensias* SW.）等〕保持水土。

试验证明，幼龄胶园间种非胶树木，能有效减轻常风的平均风速和最大风速，对强台风有一定抵御作用，能有效提高存树率；橡胶幼林间种非胶树木，对橡胶幼树的光合水分生理生态影响较小，间种后的橡胶幼树粗生长和高生长并没有受到明显抑制。不仅如此，若干年后，非胶树木还可提供优质木材。

七、气刺短线采胶技术

本技术由割胶技术、刺激技术和刺激设备 3 部分组成，适宜 PR107、RRIM600、GT1、热研 7-33-97 等耐刺激和能忍受一定程度刺激的品种。推荐在老龄胶树及列入更前计划的胶树上使用。技术要点如下。

1. 割胶制度

（1）割面规划：开割前须做好割面规划，将 1/4 割线分成两个 1/8 割线，半年轮换一次。

（2）割线长度：未列入更新计划胶树采用 1/8 树围（S/8），临近更新的可适当延长割线，如采用 1/4 树围（S/4）；阴刀或阳刀割胶 。

（3）割胶频率：每 4 ～ 5 天割一刀。年割胶刀数控制在 50 刀以内。

（4）割胶深度：割胶深度控制在 0.25 ～ 0.30 cm。

（5）割胶耗皮：阴刀割胶每刀耗皮控制在 0.20 ～ 0.21 cm，阳刀控制在 0.16 ～ 0.17 cm。

2. 刺激技术

（1）刺激剂型：乙烯气体刺激剂。

（2）刺激剂量：每株每次 30 ～ 50mL（充气时不宜充太满，以防刺激过量；若是长势弱的胶树，要注意酌量减少）。

（3）刺激频率：每 3 ～ 5 刀充一次气，如果第一刀增产幅度过大，则须延长充气周期。

3. 刺激设备

（1）气室选择：选用新型镶嵌式气室。

（2）气室安装部位：阴刀割胶把气室安装在割线右上方的 15 ～ 30 cm 处；阳刀则安装在割线的下方 10 ～ 20 cm 处，气室安装高度要以不影响割胶操作为原则。

（3）气室安装方法：用小铁锤轻轻地将嵌入有钢圈的小塑料盒钉入树皮，不可用力太猛，也不宜钉太深，以免溢出的胶乳堵住气孔。

（4）气室移换位置：每 45 ～ 60 天要将气室的位置移换一次，以免树皮钝化，影响刺激效果。

（5）气室拆卸方法：用小塑料锤轻轻地敲击气室塑料盒的两侧，塑料盒便松动即可拆卸。

注意事项：年增产幅度以控制在 10% ～ 15% 为宜。由于乙烯气体刺激强度较大，因此在推广应用当中要注意产胶动态分析，如出现增产幅度过大、干胶含量急降、排胶时间过长、割线乳管内缩等情况时，应及时采取降低割胶频率、减少刺激剂量、延长刺激周期或停割等措施。同时，应注意长流胶的回收，并适当增施肥料。

注：照片由杨文凤提供。

八、低频采胶技术

该技术改进了刺激剂的剂型，合理调节刺激浓度和刺激周期，显著提高了产量及割胶劳动生产率；通过采取浅割、复方、低浓度、短周期、营养诊断施肥等一系列的措施，保持了胶树健康及稳产高产（10%～15%）；割胶刀数大幅减少（30%～60%），节约树皮25%～52%，延长了胶树经济寿命（5～8年），实现了割胶生产高产高效的可持续性发展。该成果2006年获得国家科学技术进步奖二等奖。适用于PR107、RRIM600、热研7-33-97、热研7-20-59、大丰95、GT1、云研77-4/2等不同品系的成龄开割胶园。技术要点如下。

（1）减刀：减少割胶刀数，从两天割一刀改为三天、四天甚至五天割一刀，大大节约了劳动力，并延长了胶树的产胶年龄。根据不同品系及树龄等条件，选择合适的割胶频率、割线长度、阴阳线轮换与组合方式。

（2）浅割：橡胶树施用乙烯利后应适当浅割，以保护输导组织和产胶组织，防止乳管内缩和死皮。还根据不同品种的产胶潜力和耐刺激程度提出不同的割胶深度，比如PR107不超过0.18 cm，RRIM600不超过0.20 cm。

（3）产胶动态分析：动态分析干胶含量，调节刺激强度和割胶强度，使产胶与排胶保持相对平衡。在割胶上采取"稳、紧、超、养"的季节安排，"保一促二"（保第一蓬叶，促第二蓬叶）的叶蓬生长节奏，争取高效刀、减少低效刀，避免有害刀的割胶策略，"三看"（看物候、看天气、看树情）割胶的养树措施。

（4）增肥：必须合理增施肥料，弥补乙烯利刺激割胶和增加产量对各种养分的需求，保护和提高橡胶树的产胶潜力。有条件的单位采用营养诊断配方施肥技术，科学施肥。

（5）全程、连续、递进刺激割胶制度：根据橡胶树的割胶年龄采取不同的刺激强度和割胶强度。耐刺激品系（如PR107等）开割头3年就可用低浓度（0.5%～1%）乙烯利刺激，随着割龄的增长刺激浓度可逐步提高；中等耐刺激品系（如RRIM600）开割头3年不刺激，第4～5年开始低浓度刺激，以后随割龄增长而提高刺激剂浓度。

（6）低浓度、短周期刺激割胶制度：采用低浓度复方乙烯利（<5%）、短周期（<15天）刺激产量更佳，胶树更安全，可获得更多的高效刀，且乙烯利分解后残留的酸根比高浓度的少，不易伤害树皮。根据不同品系、不同割龄选择合适的刺激剂涂用周期与浓度。

（7）产量刺激剂：已研发出专利产品如"乙烯灵"等复方乙烯利，能有效减轻单方乙烯利的副作用。将配制好的刺激剂2 g，均匀涂在割线（不拔胶线）和割线上方2 cm宽处。

（8）控制增产幅度：合理控制乙烯利刺激增产的幅度以实现高产稳产。对于高产芽接树，采用 d3 割制，则控制在比对照（S/2d2 不刺激）增产 10%，d4 割制比 d3 增产 5% ～ 10%，d5 割制比 d4 增产 0 ～ 5%。

九、胶园覆盖少耕技术

胶园少耕技术是指在橡胶园的植胶带、萌生带间进行覆盖以减少除草、松土和施肥等抚管作业。

1. 死覆盖技术

依据当地实际情况，采用秸秆、地膜或盖草布等材料覆盖在植胶带上或橡胶树根盘处以建立起一层"死覆盖"。秸秆材料的覆盖厚度一般约 20 cm，地膜厚约 0.3 mm 的黑色地膜，盖草布厚度约为 0.5 mm。也可采用秸秆材料 + 地膜或盖草布，即铺设地膜或盖草布，再在地膜或盖草布上覆盖秸秆材料。秸秆覆盖防抑制杂草生长 2 ～ 4 个月，地膜和盖草布可抑制杂草生长 6 ～ 12 个月。

2. 生物控萌技术

生物控萌技术即在胶园行间种植覆盖作物，建立"活覆盖"以抑制其他杂草生长和增肥土壤。

根据当地实际情况，在幼树胶园萌生带按一定密度种植豆科覆盖植物如爪哇葛藤、四棱豆、毛蔓豆、无刺含羞草、猪屎豆、山毛豆等和牧草如柱花草等阳生植（作）物。在成龄胶园萌生带按一定密度要求种植魔芋、五爪毛桃等耐荫或阴生植（作）物。建立方法包括先清地，然后撒播种子或苗木或插条移栽等，一些藤本类覆盖作物会缠绕橡胶树，可及时将其割断，也可以刈割覆盖作物作为"死覆盖"或压青材料。

橡胶园覆盖少耕技术能降低土壤板结、土壤酸化、污染水源等风险，提高土壤保水、保土、保肥能力，有利于橡胶园环境友好；减少工人铲草灭荒用工，提高田间抚管效率，降低劳动强度，减少生产成本，为橡胶树的速生高产创造优良的生态环境。

减耕覆盖

注：照片由张希财和王纪坤提供。

十、胶园全周期间作种植模式

橡胶园全周期间作种植模式是一种采用直立树形品种和宽窄行种植形式进行局部密植，预留更多空间供发展其他种养生产活动的耕作模式。在整个生产周期内，胶园的大行间有占胶园面积 50% 或以上的露地。本模式在不增加投资、不明显减少干胶产量和提高胶园抗风能力等的前提下，可大幅增加胶园产出，胶园土地利用率达 150% 以上；可增加劳动就业岗位，增加胶农经济收入。技术要点如下。

品种：采用呈直立型树形、高产高抗的橡胶树品种，如热研 7-20-59。

种植形式：株距 2 m、小行距 4 m、大行距 20 m，28 株 / 亩。

开垦方式：采用全垦或带垦方式开垦，最宜的植行方向为东西行向，具体行向可根据依地形或间作生产经营需要而定。

定标：若坡度较小且对生产作业无大碍，按东西行向定标。以地块中东西向最长的一个植行为基行，向两侧平移，每隔 20 m 一小行。不足 20 m 宽的按常规株行距定标。若坡度较大或坡向变化较大，按等高方法定标。

开行挖穴：沿小植行所在位置，采用机械开通沟，或人工挖穴，坡度大的结合修环山行同时进行；大行间根据间作等生产需要作适当平整；小行中间可开小通（肥）沟（也可在定植后 2 ～ 3 年时开沟）。同常规下基肥，回土。

定植和补换植：将苗木按其长势分成 2 ～ 3 批，分批定植，淋足定根水和遮阳保苗。定植后 2 ～ 4 个月，用较大的苗木进行补换植，确保定植当年成活率 100%，且长势均匀。

植后抚管：按常规要求进行抚管，在植后 3 或 4 年起可在小通沟施肥压青；但禁止实施打顶等促进分枝的措施。

间作：幼树期在离开橡胶树 2 m 以外的大行中开展间作；大树期在离开橡胶树 3 ～ 4 m 的大行中开展间作，间作物可以各种作（植）物，但应根据市场需求和环境条件等进行确定。间作物种植管理同其他作物要求。

本模式适合于坡度约 15° 以下区域。本模式的关键是选用直立型品种和宽窄行种植形式，不可诱导分枝但可适当修剪偏斜枝条。

注：照片由林位夫和张希财提供。

十一、胶乳低氨及无氨保存技术

技术要点：采用水溶性、不挥发性的广谱抗（抑）菌剂作为天然胶乳第一保存剂，通过与其他低成本的抗（抑）菌剂或氨复配成新型胶乳保存体系，代替传统的氨+TT/ZnO来保存鲜胶乳及浓缩胶乳。

技术效果：可使鲜胶乳保存6天时的挥发脂肪酸值≤0.1（HB保存剂用量≤0.1%），使浓缩胶乳保存期超过6个月（HY保存剂用量0.05%～0.4%，氨含量0～0.29%），产品质量满足国标要求，有效解决高氨污染，降低废水处理难度，避免TT、ZnO对浓缩胶乳质量一致性、制品安全性带来的不利影响。所生产的低氨及无氨浓缩胶乳已在广东、湖南等地的乳胶制品企业用于医用导管、家用手套、制鞋胶粘剂、探空气球等产品的生产。

十二、胶乳生物凝固技术

该技术所采用的菌种生长速度快，变异性小，适应性强，能在30min内快速有效地凝固鲜胶乳，凝块异味小，且操作简单，易于控制，在生产过程中能抵抗杂菌的干扰，一次接种可长时间反复使用；该技术生产的天然橡胶，其P0、PRI优于酸凝固工艺生产的天然橡胶，物理性能也明显提高；该技术省去了鲜胶乳加氨保存和加酸凝固过程，实现在胶园、收胶站和加工厂快速凝固，降低生产成本。技术要点如下。

（1）生物凝固要进行生物培养，生物凝固需用生物培养液代替酸进行胶乳凝固。首次培养应根据生产规模配制培养液的量，胶乳与培养液的比例大约为10∶1。培养液中水与菌粉及糖蜜的比例为：100∶1∶5，配制后搅拌均匀，根据天气温度培养2～3天，便可投入凝固使用。也可用此方法进行多级培养，以减少干菌种的应用。

（2）鲜胶乳应为无氨保存鲜胶乳，若其干胶含量较高应稀释到浓度25%～30%。

（3）按生物培养液中所含的糖是凝固鲜胶乳中干胶重量的1.5%～2%的比例（这个比例称为凝固适宜用糖量，根据气温定凝固适宜用糖量，气温高用1.5%，气温低用2%），将鲜胶乳与培养液混合，搅拌均匀，静置凝固。胶乳标准厂可直接用生物培养液代替酸液放在酸池中，按并流加酸法进行凝固操作，无须更改任何设备、设施。

凝固时需加培养液的重量按以下公式计算：

$$凝固时需加培养液重量 = 胶乳重量 \times 胶乳浓度 \times \frac{凝固适宜用糖量}{培养液的糖浓度}$$

（4）培养液凝固的凝块，熟化8小时以上，取其乳清（乳清中含有的微生物以原接入的菌种为主），加入5%的糖类物质，根据气温培养1～3天，可投入下一次的胶乳凝固；如此：取乳清→加糖类物质培养→培养液与鲜胶乳混合→鲜胶乳静置凝固成块，周而复始地反复进行，可持续半个月直至更长时间，待凝固效果不够理想的时候，可在培养液中适量补加干菌种，或重新按照首次培养液制备的方法进行操作。

十三、天然橡胶微波干燥技术

　　微波干燥天然橡胶是一种电能的转化，干燥层首先在胶料内层形成，然后由里层逐渐向外扩展，热传导方向与水分扩散方向相同，因而具有干燥速率快、节能、生产效率高、干燥均匀、清洁生产，易于实现自动化控制和提高产品质量等优点。控制胶料表面115℃，干燥时间30分钟（生产），干燥天然橡胶0.4吨/小时，显著缩短干燥周期；干燥效率高、天然橡胶各项性能指标均达到GB/T 8081指标要求，且干燥均匀，节能10%以上，干燥过程中实现了SO_2、CO_2的零排放，能实现清洁生产、自动化控制等优点。技术要点如下。

　　干燥箱体温度高低以及微波功率大小设计：天然橡胶带式微波干燥设备分成不同微波干燥段，即把天然橡胶带式微波干燥设备分成14个干燥箱。干燥曲线显示前期是主要失水阶段，干燥开始时，前面的干燥箱需要较高的温度，才能使胶料快速失水，前3节干燥箱的温度设置为115℃（前期是主要失水阶段，干燥箱要快速升温才能达到快速失水效果，因而前3节的微波功率要较大，需要放置较多微波管）；中后期胶料含水率越来越小，失水开始逐渐减慢，从节能、保证产品质量的因素考虑，干燥箱4～7节干燥温度选用110℃（需要放置的微波管较1～3节干燥箱减少），干燥箱8～10节干燥温度选用105℃（需要放置的微波管较4～7节干燥箱减少），干燥箱11～12节干燥温度选用100℃（需要放置的微波管较8～10节干燥箱减少），干燥箱13～14节干燥温度100℃以下（输送带传送过程中会有热量的逐渐传送，此阶段不需要安装微波管，利用前面干燥箱传递的热量），温度的控制通过温度控制仪来调控不同的微波功率以及抽风排湿设备进行自动调节。

　　干燥箱体抽风排湿位置的设计：微波干燥过程中，天然橡胶所含水分快速转化为蒸气，为避免蒸气重复吸收微波，造成微波能的浪费，即耗能，需要安装抽湿排风设备把水蒸气排出。干燥开始时，前3节干燥箱需要快速升温，达到干燥温度，不适合安装抽湿排风设备；抽风排湿设备的安装位置放在微波干燥设备的中后段。

十四、白粉病测报与防治技术

1.分布与为害

橡胶树白粉病在全球各植胶区均有发生,包括东南亚的柬埔寨、印度尼西亚、马来西亚、泰国和越南,南亚的印度和斯里兰卡,非洲的刚果、加纳、坦桑尼亚和乌干达,以及南美洲的巴西等国。白粉病是中国橡胶树上发生最严重的叶部病害,在海南、云南和广东三大植胶区每年均有发生,1959年在海南大面积流行,导致当年干胶产量减少50%左右;2008年云南西双版纳所有胶园(300多万亩)均不同程度地发病受害,部分胶园开割推迟1~2个月,造成损失数亿元。

病菌只侵染橡胶树的嫩叶、嫩芽、嫩稍和花序,不侵染老叶。叶片发病后随温度和叶片老化,呈现5种病斑类型。发病初期嫩叶上出现大小不一的白粉斑;如果嫩叶发病初期遇到高温,病斑转变为红褐色;当温度适宜时,红斑可恢复产孢,使病斑进一步扩大;病害发生严重时,叶片布满白斑、皱缩畸形、变黄甚至脱落;未脱落的病叶随着叶片老化和温度升高,白粉状物逐渐消失,变为白色藓状斑和黄斑,继而病部组织坏死,发展为褐色坏死斑。嫩芽和花序感病后表面出现一层白粉,严重时嫩芽坏死、花蕾脱落,只留下光秃秃的花轴。斯里兰卡报道因白粉病流行曾使该国胶乳产量损失50%,我国的测定结果发现实生树发病程度4~5级时,年干胶产量减少可达30%左右。

2.病害预测预报

通过调查橡胶树越冬菌量、胶树物候及气象条件资料对橡胶树白粉病发生情况进行预测预报,指导病害防控。① 总指数(病情指数 × 抽叶率)法,古铜色嫩叶期发病总指数达到1~3,或淡绿期发病总指数达到4~6时,应全面喷药,药后7天调查,如总指数还超过上述指标,需继续全面喷药,直至新叶70%老化后,改为局部喷药。② 嫩叶病率法,抽叶30%以前,嫩叶发病率20%左右或叶片70%老化以后,局部喷药,抽叶30%~50%嫩叶发病率15%~20%、抽叶50%至老化40%嫩叶发病率25%~30%、老化40%~70%嫩叶发病率50%~60%,全面喷药。③ 总发病率法(发病率 × 抽叶率),3%<总发病率≤5%,在没有低温阴雨或冷空气条件下,抽叶率分别小于20%、大于20%小于50%、大于50%小于85%时,分别在4天、3天和5天内全面喷药,喷药8天后,叶片老化植株率仍≤50%,需继续全面喷药。

白粉病导致橡胶叶片大量脱落，
严重影响胶树正常生长（李博勋　拍摄）

白粉病侵染橡胶树嫩叶，
叶片上布满白粉（李博勋　拍摄）

3. 化学防治

橡胶树白粉病的防治应贯彻"预防为主，综合防治"的方针，综合运用品种抗性、化学防治和农业防治等措施，但由于目前虽然在抗病品种选育上开展了大量的研究，但进展比较缓慢，迄今为止尚未选育出一个可以大规模推广的抗白粉病的橡胶树品种，所以针对该病害目前主要采取以农业防治和化学防治为主的防治方法。

农业防治。加强对橡胶树的田间栽培管理，合理施肥，适当增施有机肥和钾肥，提高橡胶树的抗病和耐病能力。

化学防治。可分为越冬防治、中心病株防治、流行期防治和后抽叶植株局部防治。冬季落叶不彻底的年份可使用 10% 脱叶亚磷油剂或 0.3% 乙烯利油剂（0.8～1 kg/ 亩），促进橡胶树越冬老叶脱落，同时摘除断倒树上的冬嫩梢 2～3 次，减少越冬菌源；在胶树抽叶 20% 以前，对发现的中心病株，及时进行局部喷药防治；在抽叶达 30% 以后，结合预测预报，对胶园进行全面防治；在新叶 70% 老化后，对少部分抽叶较迟的橡胶树进行局部防治。防治可选用的药剂包括：硫黄粉（325 号筛目），病情较重、橡胶树处于嫩叶盛期、遇低温阴雨天气时，应加大药剂使用量，喷粉时风力不超过 2 级为宜，22 点到翌晨 8 点期间最适宜喷粉；此外还可选用三唑酮烟雾剂、咪鲜·三唑酮热雾剂、氟硅唑热雾剂、嘧咪酮热雾剂、百·咪鲜·酮热雾剂等，喷热雾或喷烟在下雨间歇期进行也能获得较好的防效，弥补了持续雨天影响喷粉防治效果的缺陷。在施药的过程中应注意药剂的轮换使用，以避免病菌抗药性的产生。

十五、炭疽病防治技术

1. 分布与为害

1906 年橡胶树炭疽病在斯里兰卡首次发现，之后该病已迅速传播到非洲中部、南美洲、亚洲南部和东南亚等植胶国家。1962 年，该病在我国海南大丰农场的开割胶树上发现，为害情节十分严重。随后该病传入广东地区，1967 年在广东红五月农场开割胶树上暴发流行。1992 年橡胶炭疽病在畅好农场发生大面积流行，发病面积达 1 550.53 hm²，占开割林地面积的 75%，受害胶树近 31.2 万株，造成四级、五级落叶 20 多万株，部分林段的胶树因落叶、枝条枯死，造成胶树开割时间推迟一个半月，也有部分林段因多次受到炭疽病病菌反复侵染为害，推迟 2 ～ 3 个月开割。干胶产量损失达 250 t。近年来，由于大量更新和推广高产品系，该病的发生也日趋严重，1996 年仅海南垦区发病面积就达 73 万 hm²，损失干胶 15 000 t。广西壮族自治区（全书简称广西）、云南和福建等省（区）各植胶区也相继报道其发生为害情况。2004 年，云南西双版纳、红河、普洱、临沧、德宏和文山等橡胶种植区不同程度发生橡胶树老叶炭疽病，据勐养橡胶分公司调查，2004 年 8—10 月，0.2 hm² 橡胶林发生橡胶老叶炭疽病，病重林地的病情指数达 3 ～ 4 级，部分病叶脱落，致使胶乳产量急速下降。目前，橡胶树炭疽病已成为我国各植胶区发生最为普遍，为害最为严重的叶部病害之一。

2. 防治方法

（1）早期分子检测。基于炭疽菌优势种群以及复合种间多样性特点，以遗传变异较大的基因作为靶标，应用特异性强、灵敏性高、操作便携的优势种群分子检测技术。

（2）优势种群及抗药性监测。根据炭疽菌区域性发生特点，尖孢炭疽和胶孢炭疽为优势种群的抗药性水平以及监测技术规程，对不同监测点病害动态变化规律、气候环境因子、栽培模式等相关数据进行规范化整理和汇总，结合各监测点的胶树区域布局，及时掌握病害在全年的发生流行特点及为害情况，通过监测数据，提出有效防范和应对措施，最大限度地减少该病造成的经济损失。

（3）化学农药减施与专业化防控。对历年重病区和易感病品系的林段，从橡胶树抽叶 30% 开始，调查发现炭疽病时，根据气象预报在未来 10 天内，有连续 3 天以上的阴雨或大雾天气，就要在低温阴雨天气来临前喷药防治。喷药后从第 5 天开始，若预报还有上述天气出现，而预测橡胶树物候仍为嫩叶期，则应在第 1 次喷药后 7 ～ 10 天喷第 2 次药；若 7 天后仍有 20% 以上古铜叶，且又有不良天气预报，则第 3 次喷药。苗圃地可喷施 25% 咪鲜胺乳油或 20% 氟硅唑·咪鲜胺热雾剂，早晨 7 时前或傍晚 19 时以后，静风时施药，用量 1 500 g/ 次·hm²。每隔 7 ～ 10 天喷 1 次，喷 2 ～ 3 次。70% 炭疽福镁 500 倍液，或用 70% 代森锰锌可湿性粉剂 400 ～ 600 倍液，或 25% 嘧菌酯可湿性粉剂 500 倍液，或 75% 百菌清可湿性粉剂 600 ～ 800 倍液，每隔 7 ～ 10 天喷 1 次，喷 2 ～ 3 次。基于病害区域性发生规律与主栽品种抗病性水平的农药减施技术，及基于区域性气候环境和生态关键因子以及病害始发量的精准施药技术。

胶孢炭疽菌引起的同心轮纹病斑（李博勋　拍摄）

十六、橡胶树棒孢霉落叶病防治技术

橡胶树棒孢霉落叶病（*Corynespora* leaf fall disease，CLFD）现已成为威胁世界天然橡胶产业的重要病害。该病在橡胶树的各个生理期均能发生，为害橡胶幼苗、幼树和成龄树的叶片、嫩梢和嫩枝，导致叶片大量脱落、树皮爆裂、嫩梢回枯，严重时整株死亡。

棒孢霉落叶病为害叶片症状（李博勋　拍摄）

1. 监测技术

参照《橡胶树棒孢霉落叶病监测技术规程 NY/T 2250—2012》实施。4—11 月每 10 天应观测 1 次，12 月至翌年 3 月应每月观测 1 次。选择品种、长势、生长环境有代表性的 3 个观察点，随机取样，大树在东、南、西、北 4 个方向各取一枝条上的 5 片叶片，苗圃按 5 点取样法随机选取 40 株苗圃植株，每株随机选取 5 片叶片，用肉眼检查棒孢霉落叶病的发生情况和估计病斑总面积。通过监测数据，提出有效防范和应对措施，最大限度地减少棒孢霉落叶病造成的经济损失。

2. 防治技术

（1）早期分子检测。基于多主棒孢病菌 cassiicolin 基因条形码数据库（Cas5 型 Genbank：KY784691—KY784913；Cas2 型 Genbank：KY856832—KY856843），以 6 种不同毒素类型的 cassiicolin 毒素基因为靶标，建立棒孢落叶病早期分子诊断技术。

（2）监测技术。参照《橡胶树棒孢霉落叶病监测技术规程》NY/T 2250—2012 实施。根据橡胶树棒孢霉落叶病优势种群区域性发生特点，对不同监测点橡胶树苗圃地病害的发生特点、消长动态、气候环境因子、栽培模式等相关数据进行规范化整理和汇总，结合各监测点橡胶树的区域布局，及时掌握橡胶树棒孢霉落叶病在全年的发生流行特点及为害情况，通过监测数据，提出有效防范和应对措施，最大限度地减少棒孢霉落叶病造成的经济损失。

（3）抗病性鉴定。参照《热带作物种质资源抗病虫鉴定技术规程 橡胶树棒孢霉落叶病》NY/T 3195—2018 实施。明确国内橡胶树主栽品种抗病性水平，进而提出基于橡胶树抗病性水平的化学农药的施用量和施用次数，初步明确农药的限量标准，避免药剂的过量施用造成环境和生态的压力。

（4）化学农药减施及专业化防控。基于高效、低毒且兼治橡胶树多种叶部病害的"保叶清"防治药剂的配套施药技术（无人机/直升机施药技术）；基于橡胶树棒孢霉落叶病区域性发生规律与主栽品种抗病性水平的农药减施技术；基于区域性气候环境和生态关键因子以及病害始发量的精准施药技术。

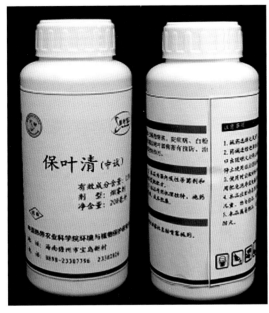

"保叶青"热雾剂（黄贵修　拍摄）　　　　"保叶青"配合无人机胶园防治（黄贵修　拍摄）

十七、南美叶疫病防治技术

橡胶树南美叶疫病 South American leaf blight（SALB）是橡胶树为险性、毁灭性病害，从 1905 年首次报道至今 100 多年，它摧毁了中南美州的植胶业，从橡胶树的原产地到每年生产的干胶只占世界总产量的 1%。但目前该病仍只局限在拉丁美洲自北纬 18°（墨西哥的埃尔巴马）到南纬 24°（巴西的圣保罗州）之间的广大地区。

该病为害三叶橡胶属植物，包括巴西橡胶。细嫩的橡胶叶、花、果、枝均可染病。叶片染病后形成病斑，叶片卷缩变形，甚至脱落，迅速死亡的嫩叶呈火烧状挂在树上不落。叶柄染病后呈螺旋状扭曲，病部形成癌状斑块。染病花序变黑、卷缩、枯萎、脱落。染病胶果或变黑皱缩，或形成疮痂状斑块。染病嫩枝暗色、萎缩，在病部形成癌状斑块。

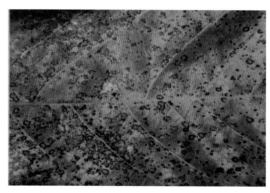
南美叶疫病菌的子囊壳

幼嫩叶片的早期症状

带有孢子的上部树叶变黄色

感染南美叶疫病的林间症状

注：照片由黄贵修提供。

对从中南美洲引入的可存活的寄主材料，包括整株植物、芽条、种子、花、果实等，应执行严格的检验检疫。SALB 最显著的病害表达期是在新叶生长时期，因此对两个生长季节进行检验，即出口前和入境后两个检验时期。

出口前检验和处理： ① 母株应由具备适当资质的植物病理学家检验是否存在 SALB 感染症状，且结果表明没有感染 SALB。检验应在采收芽接桩或芽条之前以及在病害表达最充分的时期进行；② 应只在树皮硬化（棕色）和病害发生率低的季节（如干燥天气）采收芽接桩或芽条。出口所用的芽接桩或芽条长度不得超过 1 m；③ 出口用芽接桩或芽条应以预防运输过程中可能发生感染的方式包装；④ 应将芽接桩或芽条浸入适当的表面灭菌剂和内吸性杀菌剂；⑤ 应去除芽接桩上黏附的所有土壤。

到达时采取的措施： ① 应将芽接桩或芽条浸入适当的表面灭菌剂和内吸性杀菌剂；② 应将所有包装材料销毁或进行适当的消毒，并且在处理后重新包装芽接桩或芽条。

入境后检疫： ① 应将输入的芽接桩或芽条放置在适当的入境后检疫设施中至少生长一年，或在长出至少六次新叶之后；② 应由经过专业培训的设施人员每天检验植物是否出现 SALB 症状，并且每两周由具备适当资质的植物病理学家进行病理检验；③ 如果发现任何 SALB 症状，应销毁表现出相关症状的植物，并且使用适用的杀真菌剂对设施内的所有其他三叶橡胶植物进行杀菌处理（可能需要六次或更多次处理）；④ 在植物离开检疫设施之前，应由具备适当资质的植物病理学家对设施中的所有植物应进行病理检验，以鉴别是否存在 SALB 感染症状；⑤ 只有检验表明设施内的所有植物在至少一年或长出至少六次新叶之后没有发现任何 SALB 感染症状，植物才能离开入境后检疫设施。

由于种子和果实材料的危险性仅与表面污染有关，因此出口前进行表面杀菌。花和果实应以表面灭菌剂（如 200 mg/L 次氯酸钠（Chee，2006））进行清洗。应选择健康的种子用于出口，以水冲洗并在福尔马林（5%）中浸泡 15 分钟，然后用甲基托布津、苯菌灵或代森锰锌（Chee 1978；Santosand Pereira，1986）进行风干和处理。

十八、割面条溃疡防治技术

1. 发生与为害

该病害初发生时，在新割面上出现一条至数十条竖立的黑线，呈栅栏状，病痕深达皮层内部以至木质部。黑线可汇成条状病斑，病部表层坏死，针刺无胶乳流出，低温阴雨天气，新老割面上出现水渍状斑块，伴有流胶或渗出铁锈色的液体。雨天或高湿条件下，病部长出白色霉层，老割面或原生皮上出现皮层隆起、爆裂、溢胶，刮去粗皮，可见黑褐色病斑，边缘水渍状，皮层与木质部之间夹有凝胶块，除去凝胶后木质部呈黑褐色。斑块溃疡病：发病部位出现皮层爆胶，刮去粗皮可见黑褐色条纹，有腐臭味。

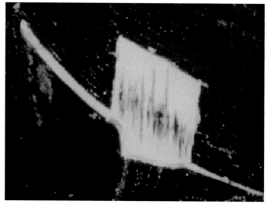

割面条溃疡田间症状

注：照片由黄贵修提供。

2. 防治技术

（1）加强林段抚育管理，保持林段通风透光，降低林间湿度，保持割面干燥，使病菌难以入侵。

（2）切实做好冬季安全割胶。避免强度割胶、提高割胶技术、季风性落叶病发生的胶园安装防雨帽，坚持"一浅四不割"的冬季安全割胶措施。一浅：坚持冬季浅割，留皮 0.15 cm。四不割：一是早上 8 时，气温在 15℃以下，当天不割胶；二是毛毛雨天气或割面未干不割胶；三是芽接树前垂线 < 50 cm，实生树前垂线 < 30 cm 不割，另转高线割胶；四是病树出现 1 cm 以上病斑，未处理前不割。

（3）在割线上方安装防雨帽，既阻隔树冠下流的带菌雨水、露水，又能保持中、小雨帽下 80 ～ 100 cm 范围茎干的树皮保持干燥，达到头天晚上下雨，第二天早上能正常割胶，还能防止雨冲胶，安帽树每年还能多割 5 ～ 6 刀，增产干胶 0.25 kg，受到干部职工欢迎，被称为"安全帽、增产帽、安心帽"，安帽后，防止了雨冲胶，减少了死皮和割面霉腐，也不需要涂施农药或少施农药，又节省了防治成本。

（4）刮去割线下方粗皮、然后涂施 5% 乙烯利水剂能提高割面树皮对条溃疡的抗性，每月一次，防效相当于 1% 霉疫净水剂，但要配合减刀和增肥措施。

（5）化学防治。在割胶季节割面出现条溃疡黑纹病痕时，及时涂施有效成分 1% 瑞毒霉或 5% ～ 7% 乙膦铝缓释剂 2 次，能控制病纹扩展。对扩展型块斑则要进行刮治处理：用利刀先把病皮刮除干净，病部修成近梭形，边缘斜切平滑，伤口用有效成分 1% 敌菌丹或乙膦铝，或 0.4% 瑞毒霉进行表面消毒，待干后撕去凝胶，再用凡士林或 1∶1 松香棕油涂封伤口。处理后的病部木质部可喷敌敌畏防虫蛀，两周后，再涂封煤焦油或沥青柴油（1∶1）合剂，并加强病树的抚育管理，增施肥料。

十九、绯腐病防治技术

该病菌喜高温高湿，低洼积水、隐蔽度大、通风不良的林段发病较重，3～10年生的幼龄橡胶树受害较为普遍和严重。通常发生在树干的第2、第3分叉处。发病初期，病部树皮表面出现蜘蛛网状银白色菌索，随后病部逐渐萎缩，下陷，变灰黑色，爆裂流胶，最后出现粉红色泥层状菌膜，皮层腐烂。后期粉红色菌膜变为灰白色。在干燥条件下菌膜呈不规则龟裂。重病枝干，病皮腐烂，露出木质部，病部上方枝条枯死，叶片变褐枯萎。

1. 农业防治

加强林管，雨季前砍除灌木、高草、疏通林段，以降低林内湿度。

2. 化学防治

每年雨季及时进行调查。推荐使用0.5%～1%波尔多液喷药保护树干，每10～15天喷一次，直至病害停止扩展为止。发病严重的枝干用利刀将病皮刮除干净，并集中烧毁，然后涂封沥青柴油（1∶1）合剂，促进伤口愈合。

二十、茎干溃疡病防治技术

1. 发生与为害

2014 年在海南省主要垦区和林段的中小龄树和开割树上普遍暴发流行一种茎干溃疡病，疫情十分严重。该病主要为害橡胶树茎干。感病树干树皮隆起破裂，流出胶液，韧皮部和木质部凸起且变褐色；后期病斑变黑褐色或黑色，胶液顺着枝干流下，凝结成黑色长胶线，严重时病部上方的茎干和树枝干枯，甚至导致整个植株死亡。受害植株树皮最初隆起，移去发病部位的树皮，可见内部的韧皮部和木质部同样呈凸起状且变为褐色，随着病程的发展变为黑褐色或黑色。病害发生后植株长势变弱，持续的高温天气，特别是 7 月、8 月发生尤为严重。

茎干溃疡病田间症状

注：照片由黄贵修提供。

2. 防治方法

50% 咯菌腈 WP 对该病的防治效果最好，其次是 50% 多菌灵 WP、50% 咪鲜胺锰盐 WP 和 40% 氟硅唑 EC。同时也可以将 50% 多菌灵 WP 和 50% 咪鲜胺锰盐 WP 按 1∶4 的配比混合使用，能大大提高防治效果。

对于幼龄胶树，爆皮流胶部位较低且处于发病初期，建议采用涂抹药剂的方法进行防治，涂抹前，先将坏死的树皮刮除，然后将药剂涂抹到伤口上，待药剂干，再用涂封剂封口。对于成龄胶树，发病部位较高或病害大面积暴发时，建议采用高扬程喷雾进行防治，连续施药 2 次，每次间隔 7 天。

二十一、根病防治技术

1. 发生与为害

橡胶树根病最早发生于1904年，在新加坡橡胶树上首先发现白根病，后各植胶国相继报道根病的发生，其中以马来西亚、印度尼西亚、印度、科特迪瓦、刚果等国较为严重。国外报道橡胶树上有8种根病。目前中国发现的根病有7种，橡胶树根病在我国整个橡胶垦区普遍发生，是制约我国橡胶单产提高的关键因子。其中，为害较大的是红根病、褐根病和紫根病。

2. 防治技术

（1）农业防治。

开垦时彻底清除杂树桩，用5%的2,4,5-涕正丁酯，以及20% 2,4-D丁酯药剂毒杀。在定植穴内和周围土中如发现有病根，要清除干净，防止病根回穴。

搞好林段管理，消灭荒芜，增施有机肥。种植覆盖作物。每年至少调查一次。调查时间宜在新叶开始老化到冬季落叶前。及早发现，挖隔离沟或清除病株，并施用药剂进行及早的防治。

隔离沟：在根病树、与根病树相邻的第二株和第三株橡胶树间各挖深1 m、宽30～40 cm的隔离沟，阻断健康树的根系与病根接触，可有效防止根病的传播。然后定

清除病株并挖隔离沟

注：照片由张宇提供。

期（一般 2 ～ 3 个月）清除沟中的土壤和砍断跨沟生长的根系。

（2）化学防治。

采用"根康"复方药剂，其对橡胶树红根病、褐根病等主要根部病害有预防、治疗和铲除作用。每年两次施药。第一次施药 2 个月后进行第二次施药。连续施用 2 年。每年 5—10 月施药，雨后 3 ～ 5 天施药最佳。橡胶树根病发生初期，对根病株和与病株相邻两株橡胶树用药。离橡胶树头 20 ～ 30 cm 处，围绕橡胶树根颈周围挖一条约宽 15 cm、深 5 cm 的浅沟，将药剂 30 mL，用清水 3 000 mL 对成药液，混匀后将药液均匀淋灌于小沟内及橡胶树头，待药液完全渗透后再用土壤将浅沟封好。

挖浅沟淋药液

用土壤将浅沟封好

二十二、橡副珠蜡蚧防治技术

1. 发生与为害

橡副珠蜡蚧对橡胶的为害主要是以成虫和若虫用口针刺吸、取食橡胶树幼嫩枝叶的营养物质，从而影响橡胶树的生长。由单头虫引起的为害较小，但是虫口数量大时，其介壳密被于植株的表面，严重影响橡胶树的呼吸和光合作用，会造成枯枝、落叶，严重时整株枯死。其次，橡副珠蜡蚧还会分泌大量蜜露，诱发煤烟病。

枝条上的橡副珠蜡蚧
注：图片由符悦冠提供。

为害诱发煤烟病

枝条上的蚧虫幼虫被寄生蜂寄生
注：照片由符悦冠提供。

枝条上的蚧虫成虫被寄生蜂寄生

蚧虫被寄生菌寄生

2. 防治技术

（1）农业防治。

加强胶林的管理，提高橡胶树的营养状况，增强其对虫害的免疫能力。搞好胶园卫生，注意胶树枯、弱枝和细枝的修剪及除去有虫枝条和林间杂草等。

（2）生物防治。

保护利用天敌：在自然界，橡副珠蜡蚧的天敌资源比较丰富，有寄生蜂、草蛉、褐蛉、捕食性瓢虫及寄生菌等类群，应重点保护利用副珠蜡蚧阔柄跳小蜂、斑翅食蚧蚜小蜂、日本食蚧蚜小蜂和纽绵蚧跳小蜂等寄生蜂，当田间寄生率达30%以上时可依靠天敌的自然控制作用。

天敌释放：将室内扩繁副珠蜡蚧阔柄跳小蜂、日本食蚧蚜小蜂等寄生性天敌释放到橡副珠蜡蚧发生的橡胶园，释放方法为每3株悬挂一个放入寄生蜂蛹的放蜂器，每隔10天释放1次，连续释放3次。在大暴发时应选用对天敌低毒的防治药剂进行控制，如溴氰菊酯、三氟氯氰菊酯等药剂。

（3）化学防治。

喷雾法（主要用于中、幼林及苗圃）：一般在晴天的上午及16∶00时以后施药。每亩可选用爱本SE（氟啶虫胺氰·毒死蜱）10 mL对水15 kg、20%敌介灵EC75 mL对水60kg、48%毒死蜱EC75 mL对水60 kg、2.5%功夫EC 20 mL对水60 kg进行防治。

烟雾法（主要用于开割林）：于晴天的凌晨3—4时开始施药。可选用15%噻·高氯热雾剂按200mL/亩、介螨灵推荐用量进行防治。

二十三、六点始叶螨防治技术

1. 发生与为害

该螨为害主要是以口针刺入植物组织吸取细胞液和叶绿素。其症状表现为开始时沿叶片主脉两侧基部为害，造成黄色斑块，然后继续扩展至侧脉间，甚至整个叶片，轻则使叶片失绿，影响光合作用，重则使叶片局部出现坏死斑，严重时叶片枯黄脱落，并形成枯枝，致使胶园停割，影响产量。

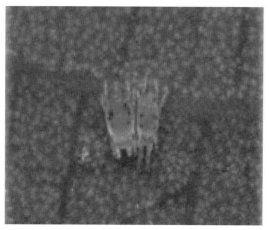 

六点始叶螨成螨（左：雄成螨；右：雌成螨）　　　　　　　　为害橡胶老叶

注：照片由符悦冠提供。

2. 防治技术

（1）农业防治。

减少虫源：避免选用六点始叶螨的中间寄主树种台湾相思等作为防护林，以减少六点始叶螨冬季的生活场所，从而降低其翌年发生基数。

提高胶树的抗虫性：加强对橡胶树的水肥管理，做好保土、保水、保肥和护根，增施农家肥料和复合肥，提高橡胶树抵抗病虫害的能力。

控制采胶：对中度为害的开割树要降低乙烯利使用浓度或停施乙烯利，达到重度为害的胶树要及时停割。

（2）生物防治。

保护与利用天敌：胶园生态系统比较稳定，天敌十分丰富，调查到六点始叶螨天敌昆虫有 16 种，包括钝绥螨、长须螨、食螨瓢虫、草蛉及寄瘿蚊等类群。其中捕食螨数量最多，平均每叶可达 0.4 ～ 0.6 头，对害螨有很大的控制作用。

天敌释放：通过人工扩繁天敌，将拟小食螨瓢虫、捕食螨等优势天敌释放到六点始叶螨发生的橡胶园。释放时期为当每叶片平均有六点始叶螨 2 ～ 3 头时开始释放，天敌释放期间避免施用杀虫剂。

巴氏新小绥螨捕食六点始叶螨　　　　拟小食螨瓢虫幼虫　　　　　　拟小食螨瓢虫成虫
注：照片由符悦冠提供。

（3）化学防治。

可选用 1.8% 阿维菌素 EC（2 500 ～ 3 000 倍液）、15% 哒螨灵 EC（2 000 倍液）、73% 克螨特 EC（2 000 ～ 2 500 倍液）、5% 尼索朗 EC（2 000 倍液）等低毒药剂进行防治。螨害发生在苗圃或幼树上时可采用普通喷雾器喷雾法防治；螨害发生在开割树上，喷雾器无法将药液喷到受害部位时，需要采用烟雾法，可选用 15% 的哒螨灵热雾剂、15% 克螨特热雾剂、15% 哒·阿维热雾剂和 15% 克螨特热雾剂等按 200 mL/ 亩的用量用烟雾机喷施烟雾剂，药液经高温挥发后被气流吹到橡胶树叶层，沉降于叶片上，害螨取食后，可将其杀死。施药时需要观察，若害虫密度达到 6 头 / 叶以上时要对中心病株和重发病株进行防治，在第一次施药后 6 ～ 7 天观察虫口数量决定是否需要再次防治，大暴雨后也需要观察虫口数量决定是否防治。

第三章
科技产品篇

一、胶乳干胶含量测定仪

利用微波衰减法快速测定天然胶乳及浓缩天然胶乳中干胶含量。天然胶乳干胶含量测定的标准法是实验室手工测定法，其优点是测量准确，但是该方法耗时（需要 8 ～ 72 小时）、耗电、操作烦琐，仅适用于测量小量样品，无法满足干胶计量的快速、准确、在线检测的实际需求。胶乳干胶含量测定仪将微波技术应用到胶乳干胶含量测定，使干胶含量测定实现了技术性的革命，具备了便携、快速、准确的计量特点，去除标准法干胶含量检测操作烦琐、费时、费工的缺陷，实现了干胶含量的在线检测，解决了胶农田间地头无法卖胶的难题。

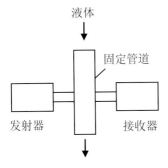

穿透法测试应用示意

注：照片由王纪坤提供。

胶乳干胶含量测定仪

技术参数如下。

（1）测定范围：10% ～ 50%（质量百分数，天然鲜胶乳干胶含量）。

（2）样品温度：15 ～ 35℃。

（3）环境温度：15 ～ 35℃。

（4）电源：交流电，220V，50Hz。

（5）设备重量：7.5kg。

（6）长 × 宽 × 高：33 cm × 24 cm × 18 cm。

（7）测量速度：120 ～ 150 次 / 小时（times/hour）。

特点如下。

（1）仪器利用胶乳中水分子、固形物、干胶在不同温度下对微波的不同反应进行测量，运用计算进行修正，采用以实验室标准法为平行比对、建立标准曲线、系统矫正的方法，因而保证其测量的准确性。

（2）仪器实际单次测量时间为 2 ～ 5 s，每小时可综合测定样品数量为 120 ～ 150 个，能够满足快速测量的要求。

（3）仪器采用的直接数显的方式，可以让胶农及收购商直观见到测量数据，避免现场不能显示数据，背后作弊的可能。

（4）仪器轻便，能够实现田间地头现场测量。

二、死皮康

"死皮康"是一种橡胶树死皮康复营养剂，产品包括胶状制剂与液体制剂 2 种，分别采用树干涂施与树干喷施的方法处理死皮植株。本品由中国热带农业科学院橡胶研究所死皮防控团队研发，从 2014 年开始在海南、云南和广东多地开始试验与示范，取得良好效果。使用本产品及技术可以使多数橡胶树主栽品种死皮停割植株病情指数明显降低，恢复产胶，并具有较好的生产持续性，延长其割胶生产时间，同时可以降低与延缓橡胶树轻度死皮的发生与发展。

"死皮康"胶状制剂（500 mL）主要成分：本产品为胶状制剂型，其主要成分包括钼、硼、锌等橡胶树所需微量元素，以及植物活性物质、抗菌成分等。本品不含任何刺激剂。

使用方法：使用前先摇匀，用毛刷蘸取适量涂施于橡胶树割线上下 20 cm 的割面，每株约 20 mL 的用量，以药剂均匀分布于割面不下滴为宜。使用周期为 10 天／次，连续施用 2 个月。

"死皮康"液体制剂（1 000 mL）主要成分：本产品为复方营养液，其主要成分包括中大量元素钙、钾、镁和微量元素硼、钼等，以及植物活性物质、抗菌成分等。本品无毒且不含任何刺激剂。

使用方法：使用前将本品用自来水稀释 40 倍，即每瓶对水配制成 40 L 的溶液，均匀喷施于死皮树树干（距离地面 1.6 m 以下部分）及根部，每株树喷施 1 L，树干与根部各50%。每星期喷施一次，连续喷施 4 个月为宜，重度死皮或停割树可适当延长喷施时间。

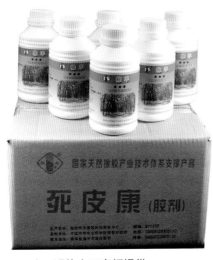
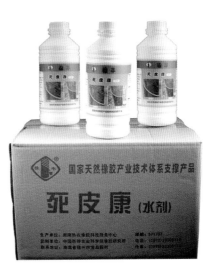

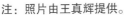

注：照片由王真辉提供。

三、电动割胶机

　　电动割胶机是一种电力驱动的机械采胶装置，可替代传统胶刀进行采胶生产等操作，一般人经过简单训练便能使用本机进行采胶，有易学、操作省力等特点。

　　电动割胶机由切割器、刀体和电池三部分组成。切割器包括切割刀片（具有第一、第二刃和第三刃）、导向器、耗皮量调节垫片三部分组成；刀体部分是由刀座、传动杆、电机、电子控制器（置于手柄内腔）和手柄组成的整体；电池为高能锂电池。切割器通过刀座、固定螺栓与刀体连接成一体。

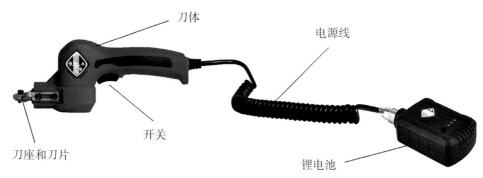

电动割胶机整体外观

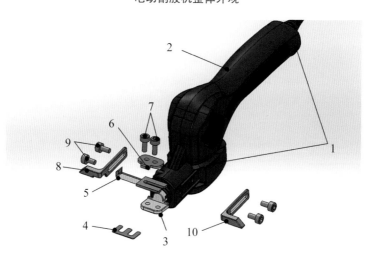

电动割胶机构件示意
1. 刀体；2. 手柄；3. 刀座；4. 耗皮量调节垫片；5. 刀片；6. 刀片压板；7. 刀片紧固螺
注：照片由曹建华提供。

　　产品规格如下。

（1）型号：4GXJ-1。

（2）额定电压：12V。

（3）空载转速：6 000 ± 10% rpm。

（4）空载电流：≤ 2.0 A。

（5）切割行程：1.5 ～ 2 mm。

（6）耗皮量：1.0 ～ 2.5 mm。

（7）锂电池容量：2 000 mAh。

（8）持续工作时间：3 ～ 4 h。

（9）净重（不含电池）：350 g。

使用本机采胶前，胶树上需有按常规要求已开好的割线。适用于割阴阳刀采胶，一般采用拉割方式。

采用本机采胶的技术要领同传统胶刀：手、脚、眼、身要配合协调，做到"稳、准、轻、快"，即拿刀稳，接刀准，行刀轻，采胶快，达到"三均匀"，即深度均匀，接刀均匀和切片厚薄、长短均匀；采胶操作切忌顿刀、漏刀、重刀、压刀和空刀。采胶的采胶深度、伤树和耗皮量要求与传统胶刀的相同，即：芽接树常规采胶深度为离木质部 0.12 ～ 0.18 cm（或公分），实生树（包括低产芽接树）刺激采胶深度为离木质部 0.16 ～ 0.20 cm（或公分）。消灭特伤，大伤伤口率少于 5%，小伤伤口率少于 20%。在正常天气和隔天割的情况下，由于乳管末端的胶塞厚度约 0.8 cm（或公分），因此割皮太薄，产量当然低；但割得太厚，产量也不会增加。一般地，割口湿润时，每刀耗皮 1.2 ～ 1.3 mm，割口干枯时 1.5 ～ 1.8 mm。

四、橡胶树专用缓控释肥

橡胶树专用缓控释肥是根据橡胶树营养特性和养分需求规律、胶园土壤理化性状、植胶区气候特点和肥料养分控释技术等研制的新型肥料，肥料富含橡胶树生长所需的大量和中微量营养元素，添加有益于产胶活性物质，肥料总养分含量 ≥ 45%。

橡胶树专用缓控释肥养分齐全、配比合理，养分释放与胶树营养需求同步，肥效稳定、持久，能有效提高养分利用效率和肥料利用率。橡胶树施用本专用肥后，光合作用明显增强、合成和排出胶乳能力加强、抗逆能力明显提高，促进橡胶树生长速度和增加干胶产量的效果显著。

产品使用方法：每年 3—5 月一次性施用，采用沟施或穴施，年施肥量 0.75～1.5 kg/ 株。专用肥料养分规格多样化（20-14-11-2、20-11-14-2、12-22-11-2、12-14-19-2），以适用于不同胶园土壤类型的橡胶开割树和幼树。包装规格为 25 kg/ 袋或50 kg/ 袋。

注：照片由茶正早提供。

五、热处理炭化橡胶木

热处理炭化木橡胶木采用纯物理方法改性橡胶木的环保生产技术，经过改性处理的橡胶树木材色泽与柚木等珍贵硬木类似，颜色典雅，尺寸稳定性提高 30% ～ 50%，耐腐性能提高 50% 以上，能够生产各类中高档实木家具，实木地板，实木门，集成材等，板材具有尺寸稳定，纹理清晰，环保耐久等特性，热处理炭化橡胶木可生产的产品如下。

实木地板：厚度为 1.8 cm 的独幅实木地板，可开发柚木色和黑胡桃色两个主要色系，也可以着覆盖色。

家具材：传统橡胶木的各种规格均可生产，尤其适合生产实木办公家具，实木仿古家具等对尺寸稳定性和耐久性要求较高的产品。

集成材：生产集成材指接板，直拼板，木楼梯，具有更好的抗变形，抗腐朽性能，适合实木门，实木浴室柜，实木定制装修等。

不同温度热处理炭化橡胶木颜色变化　　　　热处理橡胶木实木地板铺装的办公室

注：照片由李家宁提供。